科《か》学《がく》漫《まん》画《が》　サバイバルシリーズ

ロボット世界《せかい》のサバイバル③

（生《い》き残《のこ》り作戦《さくせん》）

かがくるBOOK

로봇 세계에서 살아남기 3

科学漫画《かがくまんが》　サバイバルシリーズ

ロボット世界《せかい》のサバイバル ③

文《ぶん》：金政郁《キムジョンウク》／絵《え》：韓賢東《ハンヒョンドン》

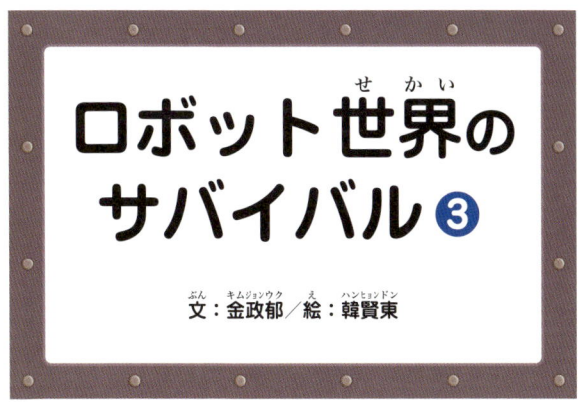

はじめに

　誰《だれ》でも一度《いちど》はこんな想像《そうぞう》をしたことがあるのではないでしょうか。「危機《きき》に陥《おちい》った地球《ちきゅう》を救《すく》うためにロボットが現《あらわ》れたら？」「面倒《めんどう》で嫌《いや》なことはロボットに任《まか》せて、毎日遊《まいにちあそ》んでいられたらいいのに」。このような想像《そうぞう》は漫画《まんが》や映画《えいが》の中《なか》だけの話《はなし》だと考《かんが》えられていましたが、技術《ぎじゅつ》は急速《きゅうそく》に発達《はったつ》して最近《さいきん》は人間《にんげん》の生活《せいかつ》に役立《やくだ》つロボットを様々《さまざま》な場所《ばしょ》で見《み》ることができます。

　現代《げんだい》はまさにロボットの時代《じだい》です。特《とく》に日本《にほん》は「ロボット大《たい》国《こく》」で、世界《せかい》で働《はたら》く産業用《さんぎょうよう》ロボット約《やく》100万台《まんだい》のうち約《やく》３割《わり》を占《し》め、世界《せかい》トップです。国内《こくない》で生産《せいさん》されるロボットは年間約《ねんかんやく》23万《まん》4000台《だい》、生産額《せいさんがく》は約《やく》8800億円《おくえん》にのぼります（2017年《ねん》）。近《ちか》い将来《しょうらい》、ロボット産業《さんぎょう》が自動車産業《じどうしゃさんぎょう》を超《こ》えるだろうと言《い》う人《ひと》もいます。しかし、ロボット文化《ぶんか》が発達《はったつ》するためにはロボットの技術開発《ぎじゅつかいはつ》よりも重要《じゅうよう》なことがあります。それはロボットを作《つく》り、ロボットに接《せっ》する「人間《にんげん》」です。人間《にんげん》がどんな考《かんが》えを持《も》ってロボットを作《つく》るかによってロボットは有益《ゆうえき》な同伴者《どうはんしゃ》にもなり、逆《ぎゃく》に人類《じんるい》の生存《せいぞん》を脅《おびや》かす怪物《かいぶつ》にもなってしまうからです。

　このことは、ロボットと人間《にんげん》が共《とも》に繁栄《はんえい》するためには、私《わたし》たちがロボットについてもっと知《し》るべきだということを示《しめ》しているのではないでしょうか？　産業界《さんぎょうかい》の現場《げんば》で人間《にんげん》の代《か》わりに黙々《もくもく》と働《はたら》く産業用《さんぎょうよう》ロボット、武器《ぶき》で人間《にんげん》を脅《おびや》かす戦闘《せんとう》ロボット、人間《にんげん》に似《に》た外見《がいけん》を持《も》つヒューマノイドまで、この本《ほん》にはたくさんのロボットが登場《とうじょう》してみなさんを楽《たの》しませることでしょう。

ロ博士《はかせ》を探《さが》さなきゃ！ 中央統制《ちゅうおうとうせい》センターで博士《はかせ》に会《あ》えば、全《すべ》ての問題《もんだい》は解決《かいけつ》するはずでしたが、彼《かれ》らの前《まえ》にはなんと実戦《じっせん》用《よう》の戦闘《せんとう》ロボットが登場《とうじょう》します。 無人偵察機《むじんていさつき》から警備《けいび》ロボットまで、これまでのロボットとはケタ違《ちが》いに強力《きょうりょく》なロボットたちが襲《おそ》い掛《か》かって来《き》ます。しかし、ジオたちもやられてばかりではありません。それぞれのロボットの特徴《とくちょう》をつかんで反撃《はんげき》したり、ロボットを使《つか》って他《ほか》のロボットを撃退《げきたい》したりと大活躍《だいかつやく》します。

クライマックスに向《む》かってさらに盛《も》り上《あ》がるロボットサバイバル。そしてどんな結末《けつまつ》が待《ま》っているのでしょうか！

ロボットワールドを大混乱《だいこんらん》に陥《おとしい》れた犯人《はんにん》を探《さが》しに、「ロボット世界《せかい》のサバイバル」が始《はじ》まります。

金政郁《キムジョンウク》、韓賢東《ハンヒョンドン》

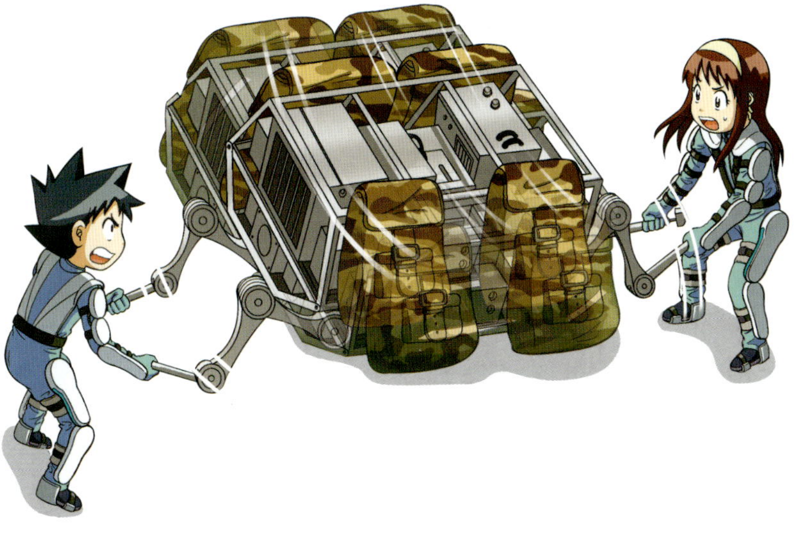

目《もく》次《じ》

登《とう》場《じょう》人《じん》物《ぶつ》

ケイ！
あともう少《すこ》しだけ
待《ま》ってて。

ジオ

生《う》まれつきのサバイバルの達人《たつじん》！
問題《もんだい》が起《お》こると、落《お》ち着《つ》いて作戦《さくせん》を立《た》てたり考《かんが》えたりするよりは行動《こうどう》しないと気《き》が済《す》まないタイプ。渡《わた》り廊下《ろうか》が崩《くず》れる時《とき》でも、本能《ほんのう》と直感力《ちょっかんりょく》で飛《と》び込《こ》んでしまう。

そこに行《い》けば、
君《きみ》たちを助《たす》けてくれる
ロボットがあるはずだ。

ロ博士《はかせ》

みんなが閉《と》じ込《こ》められた
競技場《きょうぎじょう》の扉《とびら》を開《あ》けられる唯一《ゆいいつ》の存在《そんざい》。
ジオたちは博士《はかせ》を探《さが》しに命《いのち》がけで
中央統制《ちゅうおうとうせい》センターに向《む》かうが、
博士《はかせ》は意外《いがい》な所《ところ》から現《あらわ》れる。

無事《ぶじ》なのね？
本当《ほんとう》に良《よ》かった。

ハナ

幼《おさな》いころロボットによる心臓手術《しんぞうしゅじゅつ》を受《う》けた少女《しょうじょ》。
生《う》まれつき体《からだ》が弱《よわ》く、みんなに助《たす》けてもらうことが多《おお》かったが、今回《こんかい》のサバイバルでは徐々《じょじょ》に積極的《せっきょくてき》にアイデアを出《だ》したり、先頭《せんとう》に立《た》って冒険《ぼうけん》をする姿《すがた》を見《み》せたりする。

これまでの
借《か》りを倍《ばい》にして
返《かえ》してやるわ！

マリ

人《ひと》にやられたままでは黙《だま》っていられない性格《せいかく》。
渡《わた》り廊下《ろうか》ではジオに助《たす》けてもらったが、飛行《ひこう》ロボット大会《たいかい》の
優勝者《ゆうしょうしゃ》だけあって、得意分野《とくいぶんや》を生《い》かして仲間《なかま》を助《たす》けることも。
しかし、自分《じぶん》が受《う》けた屈辱《くつじょく》も必《かなら》ず返《かえ》すと言《い》って、
自分《じぶん》を攻撃《こうげき》した謎《なぞ》の敵《てき》への復讐《ふくしゅう》を心《こころ》に誓《ちか》う。

少《すこ》し頭《あたま》を使《つか》えば
やつの相手《あいて》をできるん
じゃないか？

ルイ

頭《あたま》を使《つか》うことには誰《だれ》よりも自信《じしん》がある。前回《ぜんかい》のサバイバルでは
ロボットに関《かん》する豊富《ほうふ》な知識《ちしき》で一行《いっこう》を助《たす》けてくれた。
今回《こんかい》はロボットを操縦《そうじゅう》するのに頭《あたま》を使《つか》うのだが……。
天才少年《てんさいしょうねん》は、果《は》たしてロボットの操縦《そうじゅう》もうまくできるのか？

僕《ぼく》の名前《なまえ》は……。

謎《なぞ》の生存者《せいぞんしゃ》

仲間《なかま》のケイは競技場《きょうぎじょう》の外《そと》にはジオたちしかいない
と言《い》うが、他《ほか》にも生存者《せいぞんしゃ》らしい人影《ひとかげ》が?!
秘密《ひみつ》の鍵《かぎ》を握《にぎ》っていると思《おも》われる、この人物《じんぶつ》の正体《しょうたい》は？

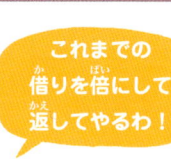

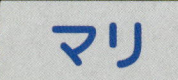

1章《しょう》
恐怖《きょうふ》の渡《わた》り廊下《ろうか》

ヒューッ
危《あぶ》ない!!
きゃあっ。
ガンッ
ピキッ
て、天井《てんじょう》に
ひびが。
!!!

みんな、
大丈夫《だいじょうぶ》か。
パラパラ
あっ。天井《てんじょう》のガラスが……。
うわ!
!!!
イテッ!
切《き》れてる。

みんな怪我《けが》はないか？
ジオこそ大丈夫《だいじょうぶ》なの。
腕《うで》から血《ち》が……。
ギク
僕《ぼく》は大丈夫《だいじょうぶ》。それより、あれは何《なん》なんだ。
あ、あれは。
宇宙空間《うちゅうくうかん》で使《つか》われるロボットアームだわ。

スペースシャトルや
国際宇宙《こくさいうちゅう》ステーションなどで
故障《こしょう》した所《ところ》を修理《しゅうり》したり、人間《にんげん》には
出来《でき》ない作業《さぎょう》をしたりする
宇宙《うちゅう》ロボットよ。
そのロボットが
どうして
僕《ぼく》たちを……。
決《き》まってるだろ。
ハウスロボットで
攻撃《こうげき》してきた奴《やつ》が、今度《こんど》は
これで襲《おそ》って来《き》たに
違《ちが》いない。
気《き》を付《つ》けて！
また動《うご》き始《はじ》めたわ。
ウィーン

ガン
きゃあ
ガシャ
ウィン
助《たす》けて。
ガシャン
うわっ！
ばらばらに逃《に》げろ。そいつの視線《しせん》を分散《ぶんさん》させるんだ。

パッ
パッ
分《わ》かった。
パッ
ウィン
ウィン
ヒュ～
ちょっと。
ガン
どうして
私《わたし》を狙《ねら》うのよ！

も、もう
走《はし》れないわ。
ビキビキッ
マ、マリ！
後《うし》ろだ。
!!!
メキメキッ

ガラガラッ
きゃあっ
助《たす》けて。
マリ!!
ガラッ
ああっ
マリッ。
危《あぶ》ない!

よし。
待《ま》ってろよ。
今《いま》すぐ……。
う、うん。
ガッ
パラッ
何《なん》とかしてよ。
きゃっ！
ズルッ
あ、あれ。
ジオまで落《お》ちて
どうするのよ。
ズルッ
うわっ

ピタッ
クルッ
クッ
ウーン
やっぱり。来《き》てくれると思《おも》った。
うるさい！何《なに》も考《かんが》えずに飛《と》び込《こ》んでどうするつもりだ。
もめてる場合《ばあい》じゃないわ。また攻撃《こうげき》してくる前《まえ》に引《ひ》き上《あ》げなきゃ。

ウーン！
ギュッ
スーッ
ウィ〜ン
早《はや》くしろ！ ロボットが
動《うご》き始《はじ》めたぞ。
や、やってるよ。
もう少《すこ》しだ。

このまま
死《し》にたくないわ。
買《か》ったばかりのワンピースはまだ着《き》てないし、来週《らいしゅう》はコンサートに行《い》くつもりだったのに。
ウワ〜〜ン
死《し》ぬわけないだろ。
グイーン
絶対助《ぜったいたす》けてやる！
ブンッ
きゃあっ！
パッ

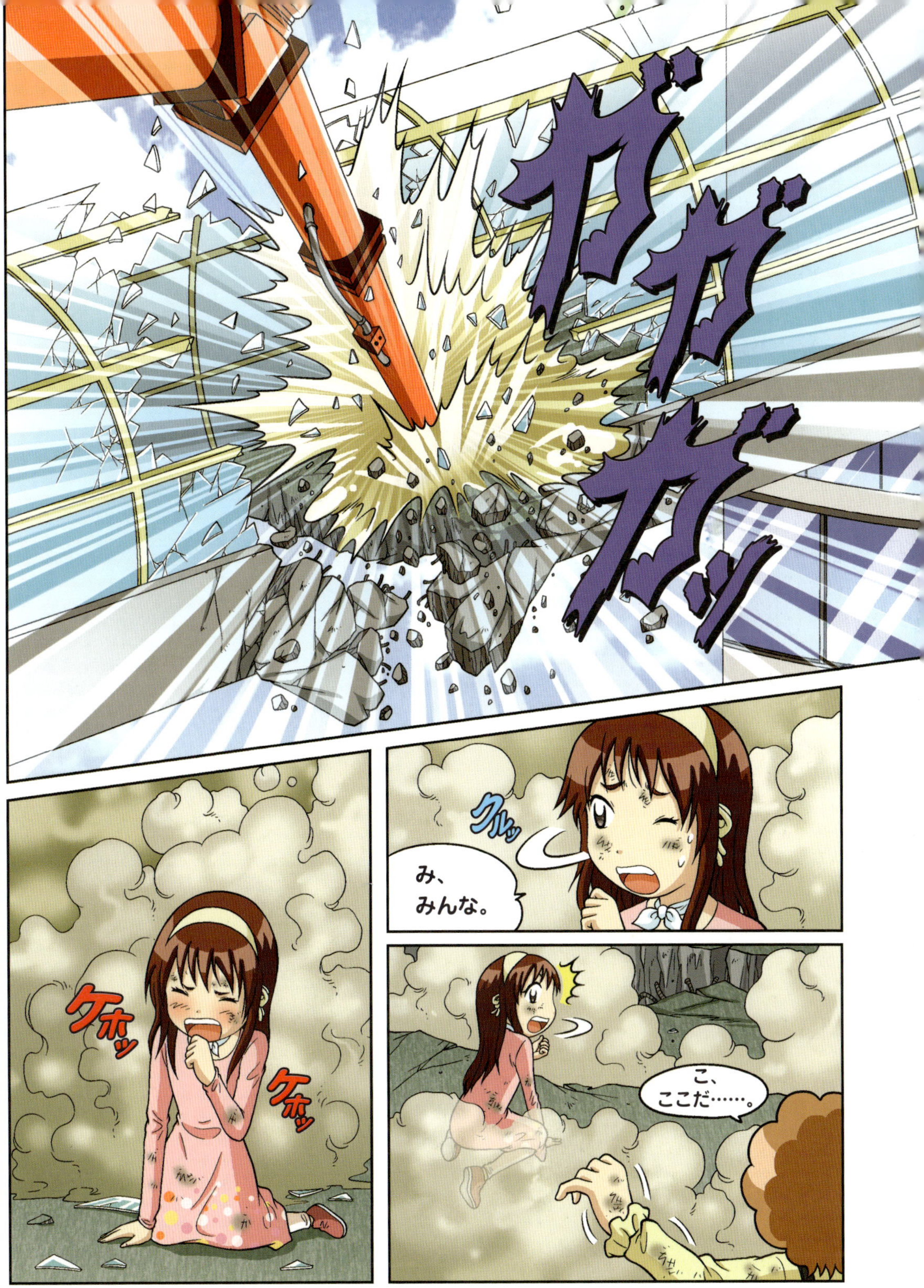

ガガガッ
ケホッ
ケホッ
クルッ
み、みんな。
こ、ここだ……。

モク
モク
ジオ、無事《ぶじ》だったのね。怪我《けが》はない？
ユサ
ユサ
ハ、ハナ、揺《ゆ》らさないで。目《め》が回《まわ》る。
そうだ。ロボットアームは？!
そ、そう言《い》えば。
ハッ。
ドガッ

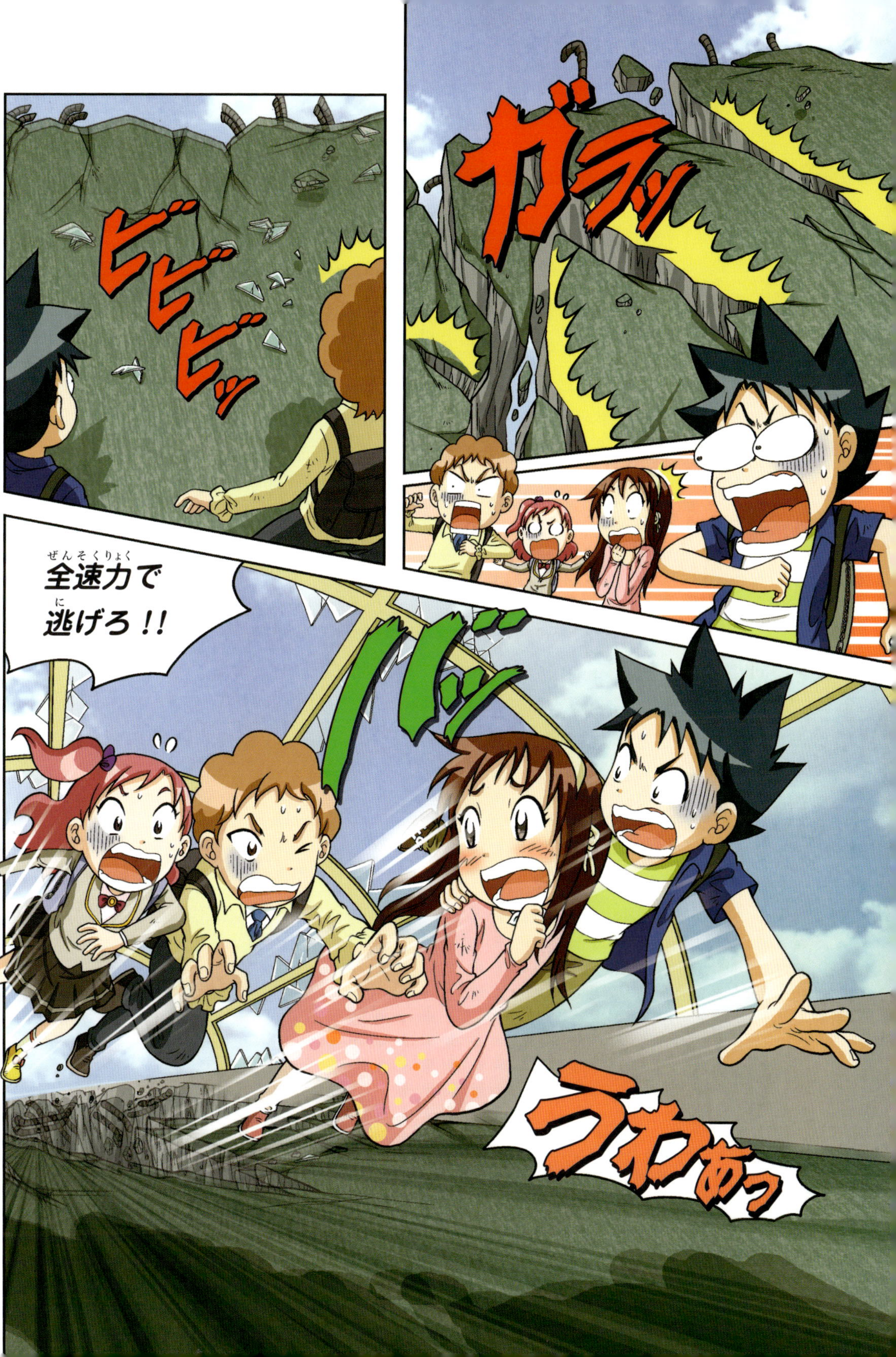
ビビビッ
ガラッ
全速力《ぜんそくりょく》で逃《に》げろ!!
バッ
うわあっ

火星探査《かせいたんさ》ロボット、キュリオシティ

「好奇心《こうきしん》」という名前《なまえ》の火星探査《かせいたんさ》ロボット

　地球以外《ちきゅういがい》の惑星《わくせい》で、生命体《せいめいたい》が存在《そんざい》する可能性《かのうせい》が最《もっと》も高《たか》いのは火星《かせい》だと、これまで多《おお》くの科学者《かがくしゃ》が発表《はっぴょう》してきました。火星《かせい》は重力《じゅうりょく》が地球《ちきゅう》の約《やく》３分《ぶん》の１で、大気《たいき》の成分《せいぶん》のほとんどが二酸化炭素《にさんかたんそ》なので生物《せいぶつ》が生《い》きるには難《むずか》しい環境《かんきょう》ですが、水《みず》が流《なが》れていた痕跡《こんせき》が発見《はっけん》されたことなどから、火星《かせい》にも生命体《せいめいたい》がいるのではないかと推測《すいそく》したのです。

　こうした理由《りゆう》から人類《じんるい》は火星《かせい》の探査《たんさ》に何度《なんど》も挑戦《ちょうせん》し、2012年《ねん》８月《がつ》にはこれまでで最大《さいだい》かつ最高《さいこう》の性能《せいのう》を誇《ほこ》る火星探査《かせいたんさ》ロボット、キュリオシティを火星表面《かせいひょうめん》に着陸《ちゃくりく》させることに成功《せいこう》しました。キュリオシティは「好奇心《こうきしん》」という意味《いみ》で、この名前《なまえ》からも分《わ》かるように火星《かせい》に対《たい》する人類《じんるい》の好奇心《こうきしん》を満《み》たすために作《つく》られた探査《たんさ》ロボットです。キュリオシティの主《おも》な任務《にんむ》は、火星《かせい》の気候《きこう》や地質《ちしつ》を調査《ちょうさ》し、存在《そんざい》するかもしれない生《せい》命体《めいたい》を探査《たんさ》するもので、探査《たんさ》の為《ため》に撮影《さつえい》した写真《しゃしん》や動画《どうが》、気温《きおん》と湿度《しつど》などを分析《ぶんせき》したデータを地球《ちきゅう》に送《おく》っています。火星《かせい》は表面温度《ひょうめんおんど》が20℃～－130℃で砂嵐《すなあらし》も吹《ふ》き荒《あ》れており、これらの任務《にんむ》を行《おこな》うのは決《けっ》して簡単《かんたん》なことではありません。

©NASA/JPL-Caltech

火星《かせい》に着陸《ちゃくりく》するキュリオシティ　キュリオシティはロケットに搭載《とうさい》して発射《はっしゃ》した後《あと》、８カ月半《げつはん》の飛行《ひこう》の末《すえ》に火星《かせい》に到着《とうちゃく》した。

©NASA/JPL-Caltech

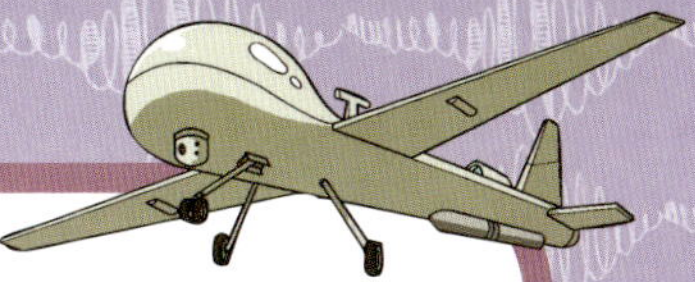

キュリオシティの驚《おどろ》くべき機能《きのう》

火星探査《かせいたんさ》ロボット キュリオシティは縦《たて》、横《よこ》の長《なが》さがそれぞれ約《やく》３mで、重《おも》さは約《やく》900kgにもなる巨大《きょだい》なロボットです。2004年《ねん》に火星《かせい》に運《はこ》ばれた双子《ふたご》の火星探査《かせいたんさ》ロボット、スピリットとオポチュニティと比《くら》べると約《やく》５倍《ばい》の重量《じゅうりょう》です。しかし、キュリオシティは単純《たんじゅん》に大《おお》きくなっただけではありません。キュリオシティは、これまでの火星探査《かせいたんさ》ロボットに比《くら》べると様々《さまざま》な面《めん》で高性能《こうせいのう》になっています。例《たと》えば太陽電池《たいようでんち》を動力《どうりょく》にする代《か》わりに、プルトニウム238が核分裂《かくぶんれつ》する時《とき》に出《で》る核《かく》エネルギーを動力《どうりょく》として使《つか》うので、太陽光《たいようこう》をエネルギーとするより強力《きょうりょく》で安全《あんぜん》に使用《しよう》することができます。それ以外《いがい》にも、最先端《さいせんたん》のカメラや無線分析装置《むせんぶんせきそうち》などを使《つか》って火星《かせい》の温度《おんど》や湿度《しつど》、風《かぜ》など気候《きこう》に関《かん》する情報《じょうほう》を収集《しゅうしゅう》するのはもちろん、ロボットアームに取《と》り付《つ》けたドリルで岩石《がんせき》に穴《あな》を開《あけ》けたり、頭部《とうぶ》にある赤外線《せきがいせん》レーザーで岩石《がんせき》の成分《せいぶん》を調《しら》べることもできるようになりました。このように様々《さまざま》な機能《きのう》が増《ふ》えたキュリオシティは、まさに動《うご》く「火星科学実験室《かせいかがくじっけんしつ》」と呼《よ》べるでしょう。

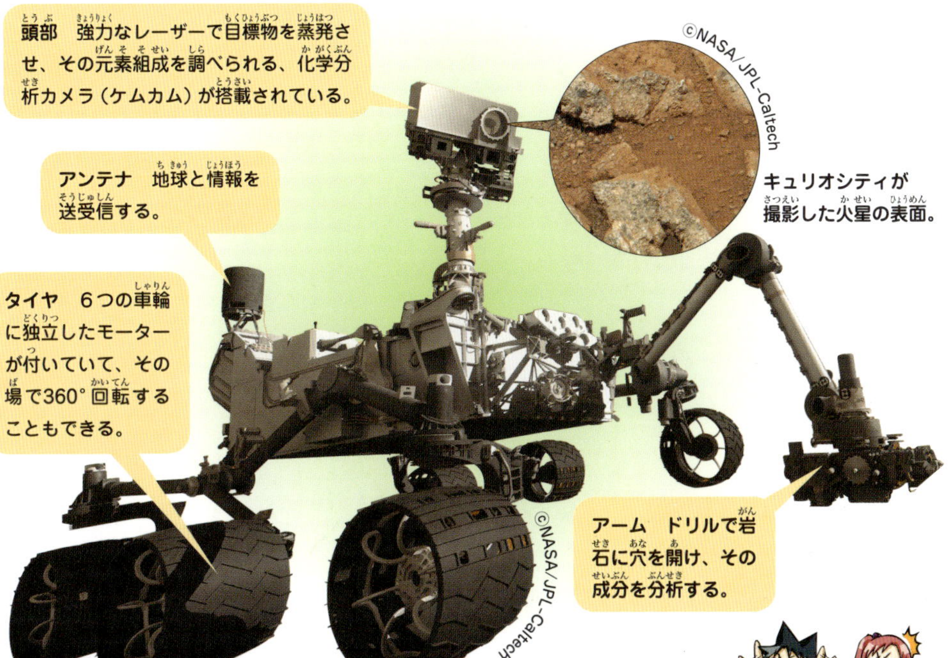
頭部《とうぶ》　強力《きょうりょく》なレーザーで目標物《もくひょうぶつ》を蒸発《じょうはつ》させ、その元素組成《げんそそせい》を調《しら》べられる、化学分析《かがくぶんせき》カメラ（ケムカム）が搭載《とうさい》されている。
©NASA/JPL-Caltech
アンテナ　地球《ちきゅう》と情報《じょうほう》を送受信《そうじゅしん》する。
タイヤ　６つの車輪《しゃりん》に独立《どくりつ》したモーターが付《つ》いていて、その場《ば》で360°回転《かいてん》することもできる。
©NASA/JPL-Caltech
アーム　ドリルで岩石《がんせき》に穴《あな》を開《あ》け、その成分《せいぶん》を分析《ぶんせき》する。
キュリオシティが撮影《さつえい》した火星《かせい》の表面《ひょうめん》。

2章《しょう》
危険《きけん》を呼《よ》ぶ
救助要請《きゅうじょようせい》

ガバッ
そうよ。ジオはどこ？
うう〜。
どこか怪我《けが》したの？
助《たす》けて〜。
腕《うで》が止《と》まらないよ〜。ずっと重《おも》い物《もの》を持《も》ってたせいかな。
ブラン
ブラン
ムカッ
感謝《かんしゃ》した私《わたし》が馬鹿《ばか》だったわ。助《たす》けてくれた恩《おん》がなかったらただじゃおかないわよ。
とりあえず、私《わたし》を襲《おそ》った奴《やつ》を見《み》つけて、
懲《こ》らしめてやる！絶対《ぜったい》に後悔《こうかい》させてやるわ。
メラ
メラ
攻撃《こうげき》から逃《に》げるだけじゃ駄目《だめ》だ。敵《てき》を見《み》つけ出《だ》して、こっちから攻撃《こうげき》しないと。
そうね！

でも、相手《あいて》がどこなのか分《わ》かるの？
それはまだ分《わ》からないけど、何《なに》か方法《ほうほう》を考《かんが》えなきゃ。
そういえば、ロボットアームは屋上《おくじょう》につながっていたな。
ということは……。
屋上《おくじょう》に手掛《てが》かりがあるかも知《し》れない。行《い》ってみよう。
クルッ
階段《かいだん》はあっちにあるはずだ！
ダダダッ

キィーッ
静《しず》かだな。誰《だれ》もいないみたいだ。
押《お》さないでよ。
僕《ぼく》にも見《み》せろよ。
あの建物《たてもの》、ちょっと怪《あや》しいぞ？
行《い》ってみましょう！ここまで来《き》たんだから、何《なに》か見《み》つけなきゃ。
ササッ
サササッ
スッ

どうなの。誰《だれ》かいるの？
急《せ》かすなよ。暗《くら》くて良《よ》く見《み》えないんだ。
いる。誰《だれ》か椅子《いす》に座《すわ》ってるぞ。
よし！ 気付《きづ》かれる前《まえ》に、一斉《いっせい》に攻撃《こうげき》するぞ。
コク
うん。
待《ま》って。

これまでの
借《か》りを倍《ばい》にして
返《かえ》してやるわ。
見《み》ろ！ あれが
マリの本当《ほんとう》の姿《すがた》だ。
ぼやぼやしないで、
早《はや》く開《あ》けてよ。
う、うん。
ガチャ
バン
覚悟《かくご》して！
もう逃《に》げられ
ないわよ。
ダダッ
ボコッ
ガン
バコッ
よくも私《わたし》を襲《おそ》ったわね。
思《おも》い知《し》らせてやるわ。
マリ、待《ま》て！
バコッ
ウッ
いてっ。
僕《ぼく》だよ、僕《ぼく》。

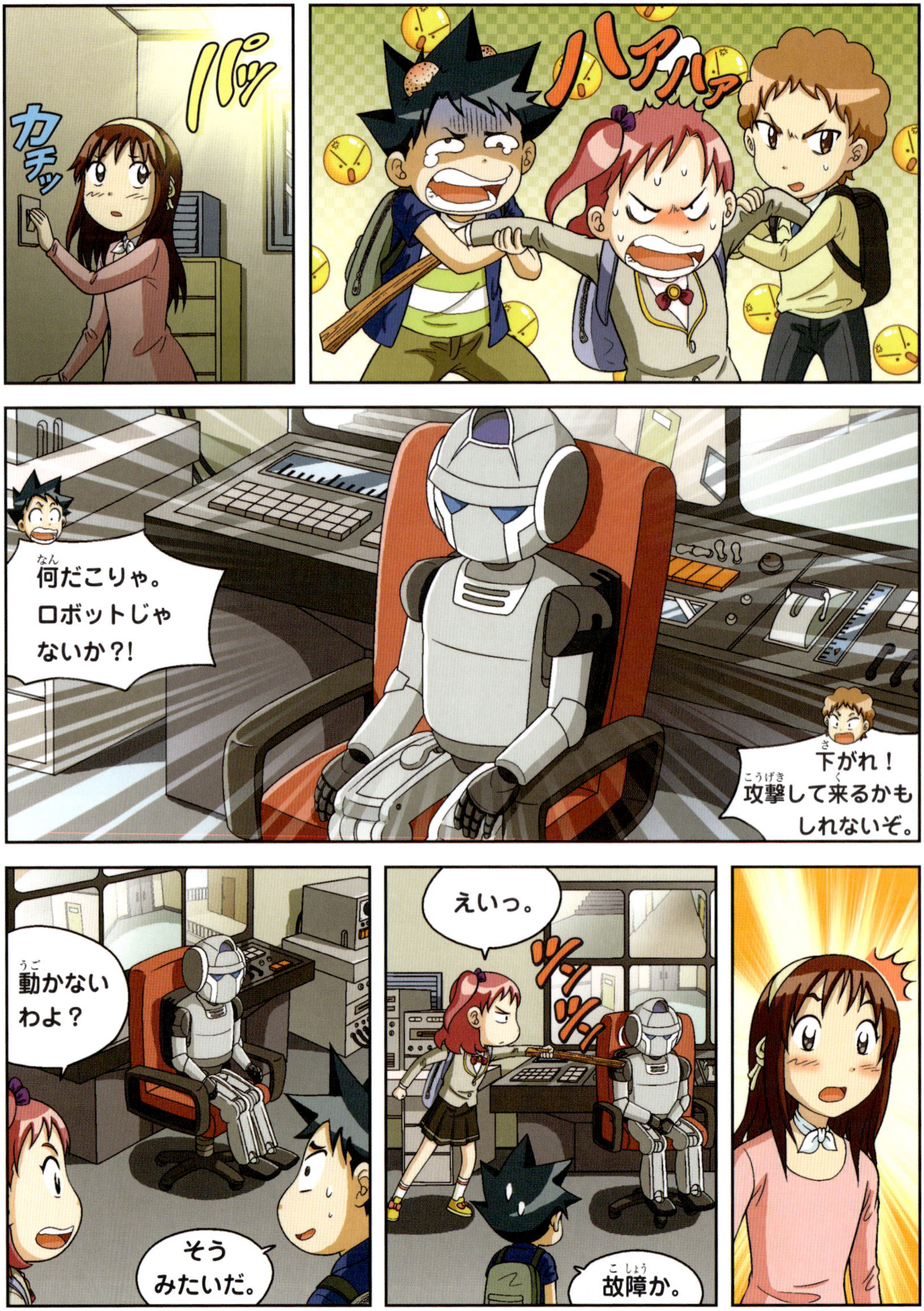
カチッ
パッ
ハアハア
何《なん》だこりゃ。ロボットじゃないか?!
下《さ》がれ！攻撃《こうげき》して来《く》るかもしれないぞ。
動《うご》かないわよ？
そうみたいだ。
えいっ。
ツンツン
故障《こしょう》か。

パッ
このロボット、病院《びょういん》で見《み》たことあるわ。
病院《びょういん》?!
病院《びょういん》のロボットなら、手術《しゅじゅつ》や看護用《かんごよう》のロボット?!
ううん。事故《じこ》や怪我《けが》で体《からだ》が不自由《ふじゆう》になった人《ひと》の介助《かいじょ》をするロボットだったはずよ。ええと、名前《なまえ》は……。
ROBOT

そうか。これがアバターロボットだな。
アバターロボット？
フフ
フン
アバターなら僕《ぼく》に任《まか》せろ。
遠《とお》い惑星《わくせい》の資源《しげん》をめぐって、地球人《ちきゅうじん》と青《あお》い異星人《いせいじん》との戦《たたか》いを描《えが》いた映画《えいが》のことさ。僕《ぼく》は２回《かい》も見《み》たんだ。
エッヘン
でも、これは青《あお》くないし異星人《いせいじん》でもないのに、何《なん》でアバターロボットなの。
何《なに》かと間違《まちが》えたんじゃないか？
じゃあ、青《あお》けりゃ何《なん》でもアバターロボットなのか。
だったら、スマーフもアバターなの。
それもそうだな～。

アバターは分身《ぶんしん》という意味《いみ》だ。脳波《のうは》を読《よ》み取《と》る装置《そうち》をつないで、人間《にんげん》が考《かんが》えるだけで操縦《そうじゅう》できる最先端《さいせんたん》ロボットができたんだ。
ええっ。それは映画《えいが》の中《なか》の話《はなし》じゃないの？
ああ。人間《にんげん》の脳《のう》は、脳波《のうは》という微弱《びじゃく》な電流《でんりゅう》で信号《しんごう》を送《おく》っているが、その電流《でんりゅう》は何《なに》を考《かんが》えるかによって周波数《しゅうはすう》が異《こと》なるんだ。
この脳波《のうは》の性質《せいしつ》と状態《じょうたい》による変化《へんか》を利用《りよう》したのが、このアバターロボットだ。
コップをつかむ。
①筋肉《きんにく》を動《うご》かすよう、脳《のう》が命令《めいれい》する。
ビビッ
②電気信号《でんきしんごう》が発生《はっせい》する。
③コンピューターが電気信号《でんきしんごう》を解析《かいせき》してロボットに命令《めいれい》を伝《つた》える。
④ロボットが命令《めいれい》を実行《じっこう》に移《うつ》す。
本当《ほんとう》に？!

つまり、正体《しょうたい》はまだ分《わ》からないけど、
じゃあ、他《ほか》の場所《ばしょ》からこのロボットを操縦《そうじゅう》してるってこと？
ああ、こいつでロボットアームを動《うご》かした奴《やつ》がいるに違《ちが》いない。
一体《いったい》どこにいるって言《い》うんだ。
ふむ。
何《なに》してるの？
これは！

ただのバッテリーじゃないわ。
こいつの操縦装置《そうじゅうそうち》の場所《ばしょ》を示《しめ》しているらしいぞ。
どうやら、中央統制《ちゅうおうとうせい》センターの近《ちか》くのようだな。
そうとなったら、さっそく行《い》ってみよう。
クルッ
相手《あいて》は僕《ぼく》らが突《つ》き止《と》めたと気付《きづ》いたはずだ。きっと一枚《いちまい》も二枚《にまい》も上手《うわて》なやつだぞ。
そいつに逃《に》げられる前《まえ》に行《い》かなきゃ。決《き》まってるだろ。
あれ。
ピタッ

ブーン
何《なん》だ、あれは？すごい速《はや》さで何《なに》か飛《と》んで来《く》るぞ。
確《たし》かめてくる。
タタッ
ブーン
飛行機《ひこうき》だ！ やっと助《たす》けが来《き》たんだ。
きっと、外《そと》からの救助《きゅうじょ》に違《ちが》いないぞ。
外《そと》に出《で》て救助信号《きゅうじょしんごう》を送《おく》らなきゃ。
よし。僕《ぼく》に任《まか》せて！

うん？
あの飛行機《ひこうき》、
何《なん》だか。
まさか?!
ブーン
キラッ
ここだよ、ここ！
助《たす》けてー。
ガチャッ
ジオ、
出《で》ちゃ駄目《だめ》!!

考《かんが》えるだけで動《うご》くロボット

脳《のう》と機械《きかい》をつなげる技術《ぎじゅつ》

映画《えいが》「アバター」では、下半身《かはんしん》が不自由《ふじゆう》になった主人公《しゅじんこう》がアバターを操《あやつ》って、まるで自分《じぶん》が動《うご》いているかのように自由自在《じゆうじざい》に行動《こうどう》します。こんなふうに人間《にんげん》とロボットの五感《ごかん》をつないで、どちらが本当《ほんとう》の自分《じぶん》かあいまいになるといったことは本当《ほんとう》に可能《かのう》なのでしょうか？　世界各国《せかいかっこく》では実際《じっさい》に、考《かんが》えるだけで動《うご》かせるロボットを作《つく》ろうと盛《さか》んに技術開発《ぎじゅつかいはつ》を行《おこな》っています。もちろん、まだ初期《しょき》の段階《だんかい》なので映画《えいが》のように思《おも》い通《どお》りに動《うご》かせるわけではありませんが、コップを持《も》ち上《あ》げて置《お》くといった簡単《かんたん》な命令《めいれい》を実行《じっこう》することは出来《でき》るようになりました。

アバターロボットの仕組《しく》みは、実《じつ》は脳《のう》の中《なか》に隠《かく》れています。人《ひと》の脳《のう》が「コップを取《と》れ！」「脚《あし》を動《うご》かせ！」などと命令《めいれい》すると、神経細胞《しんけいさいぼう》はこれを電気信号《でんきしんごう》の形《かたち》で筋肉《きんにく》に伝《つた》え、筋肉《きんにく》はその信号《しんごう》によって脳《のう》の命令《めいれい》に従《したが》って動《うご》きます。アバターロボットはこの原理《げんり》を応用《おうよう》して電気信号《でんきしんごう》をコンピューターに伝《つた》え、筋肉《きんにく》の代《か》わりにロボットが脳《のう》の命《めい》令《れい》を受《う》け取《と》って動《うご》くのです。このような脳《のう》と機械《きかい》をつなげるシステムには、ヘルメット型《がた》の脳波《のうは》を認識《にんしき》する装置《そうち》をかぶってコンピューターに送《おく》る方法《ほうほう》と、脳《のう》のある部分《ぶぶん》に小《ち》さな電極《でんきょく》や針《はり》を直接刺《ちょくせつさ》して信号《しんごう》を送《おく》る方法《ほうほう》があります。しかし、脳《のう》で発生《はっせい》する電気《でんき》信号《しんごう》は無数《むすう》にありとても複雑《ふくざつ》なので、人《ひと》の思考《しこう》を正確《せいかく》に読《よ》み取《と》ってロボットを動《うご》かすまでには、まだまだ時間《じかん》が必要《ひつよう》だということです。

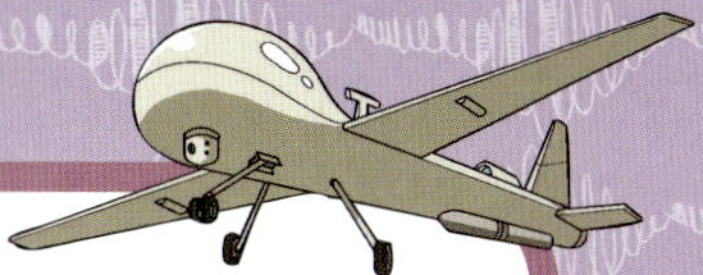

実在《じつざい》するアバターロボット

1998年《ねん》、アメリカの神経学者《しんけいがくしゃ》フィリップ・ケネディが、考《かんが》えるだけでコンピューター画面《がめん》のカーソルを動《うご》かすことに成功《せいこう》して以来《いらい》、アバターロボットの開発《かいはつ》は現在《げんざい》も続《つづ》いています。アバターに使《つか》われている技術《ぎじゅつ》の多《おお》くは、怪我《けが》や障害《しょうがい》で体《からだ》が不自由《ふじゆう》な人々《ひとびと》のために利用《りよう》されています。

オートバイの事故《じこ》で片腕《かたうで》を失《うしな》ったクローディア・ミッチェルというアメリカ人女性《じんじょせい》は、2005年《ねん》にロボットの腕《うで》を取《と》り付《つ》けることに成功《せいこう》し、彼女《かのじょ》は考《かんが》えるだけで動《うご》かせるロボットの腕《うで》を使《つか》って、料理《りょうり》や洗濯《せんたく》などの日常生活《にちじょうせいかつ》ができるようになりました。

また、イスラエルとフランスの共同研究《きょうどうけんきゅう》チームは、磁気共鳴画像《じききょうめいがぞう》（MRI）撮影装置《さつえいそうち》を利用《りよう》した装置《そうち》で、イスラエルの実験室《じっけんしつ》にいる人《ひと》が考《かんが》えるだけでフランスにあるロボットを動《うご》かしましたし、スイスのローザンヌ工科大学《こうかだいがく》でも手足《てあし》が麻痺《まひ》した人《ひと》の脳《のう》から出《で》る信号《しんごう》を解読《かいどく》して、60kmも離《はな》れた場所《ばしょ》にある小型《こがた》ロボットを動《うご》かすことに成功《せいこう》しました。

最近《さいきん》では、アメリカのブラウン大学《だいがく》のメディカルセンターとハーバード大学医学部《だいがくいがくぶ》の研究《けんきゅう》チームが、全身《ぜんしん》が麻痺《まひ》した患者《かんじゃ》の脳《のう》にセンサーを移植《いしょく》し、ロボットアームを動《うご》かしてコーヒーを飲《の》む実験《じっけん》を行《おこな》いました。ビンをつかみ、その中《なか》に入《はい》っているコーヒーをストローで飲《の》んでビンを置《お》くという動作《どうさ》を行《おこな》う実験《じっけん》は、６回《かい》のうち４回成功《かいせいこう》したということです。

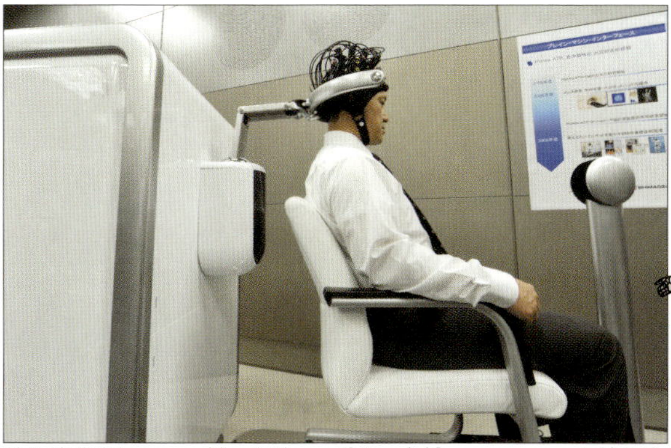

脳波操縦装置《のうはそうじゅうそうち》　2009年《ねん》、日本《にほん》でも脳波《のうは》を利用《りよう》してホンダの二足歩行《にそくほこう》ロボットASIMOを動《うご》かす実験《じっけん》に成功《せいこう》した。念《ねん》じるだけでASIMOの手足《てあし》を上下《じょうげ》に動《うご》かすなど、簡単《かんたん》な動作《どうさ》を行《おこな》うことができる。

3章《しょう》

上空《じょうくう》の監視者《かんししゃ》

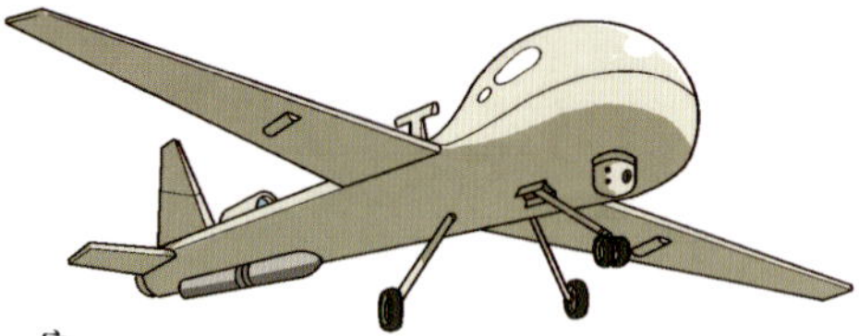

何《なに》するんだよ。
ガバッ
いいから、じっとして。
ガン
どうしたの？
パッ
出《で》てきちゃ駄目《だめ》よ。そこにいて！
え?!

何故《なぜ》だ。
今《いま》、救助信号《きゅうじょしんごう》を送《おく》らなきゃ、
機会《きかい》を逃《にが》してしまう！
いいから
じっとして。
それは僕《ぼく》の
セリフだ～。
あれがただの
飛行機《ひこうき》だって
言《い》うの？
え？！
ブーン
よく見《み》て！
下《した》にカメラがあるわ。
あれは無人偵察機《むじんていさつき》よ。

ブーーン
どうしよう。こっちに来《く》るわ！
偵察機《ていさつき》だって？僕《ぼく》らを監視《かんし》しに来《き》たのか。
急《いそ》いで隠《かく》れなきゃ。
ハッ。
あそこの下《した》に隠《かく》れよう。
サッ
ブーーン

ヴィーン

ブーン
グーン
旋回《せんかい》してるぞ。立《た》ち去《さ》る気配《けはい》がないな。
もう見《み》つかったのかしら。
まさか。すぐに隠《かく》れたのに？
ありえるわよ。
グローバルホークという無人偵察機《むじんていさつき》は、20kmの上空《じょうくう》から地上《ちじょう》にある30cmくらいの物体《ぶったい》を識別《しきべつ》できるのよ。
グローバルホーク
通信衛星《つうしんえいせい》
偵察情報《ていさつじょうほう》の伝達《でんたつ》
地上統制《ちじょうとうせい》センター
30cmの物体《ぶったい》を？すごい精度《せいど》だな。
監視《かんし》カメラでなく無人偵察機《むじんていさつき》を使《つか》うなんて。外《そと》に逃《に》げるのも監視《かんし》するのかしら。

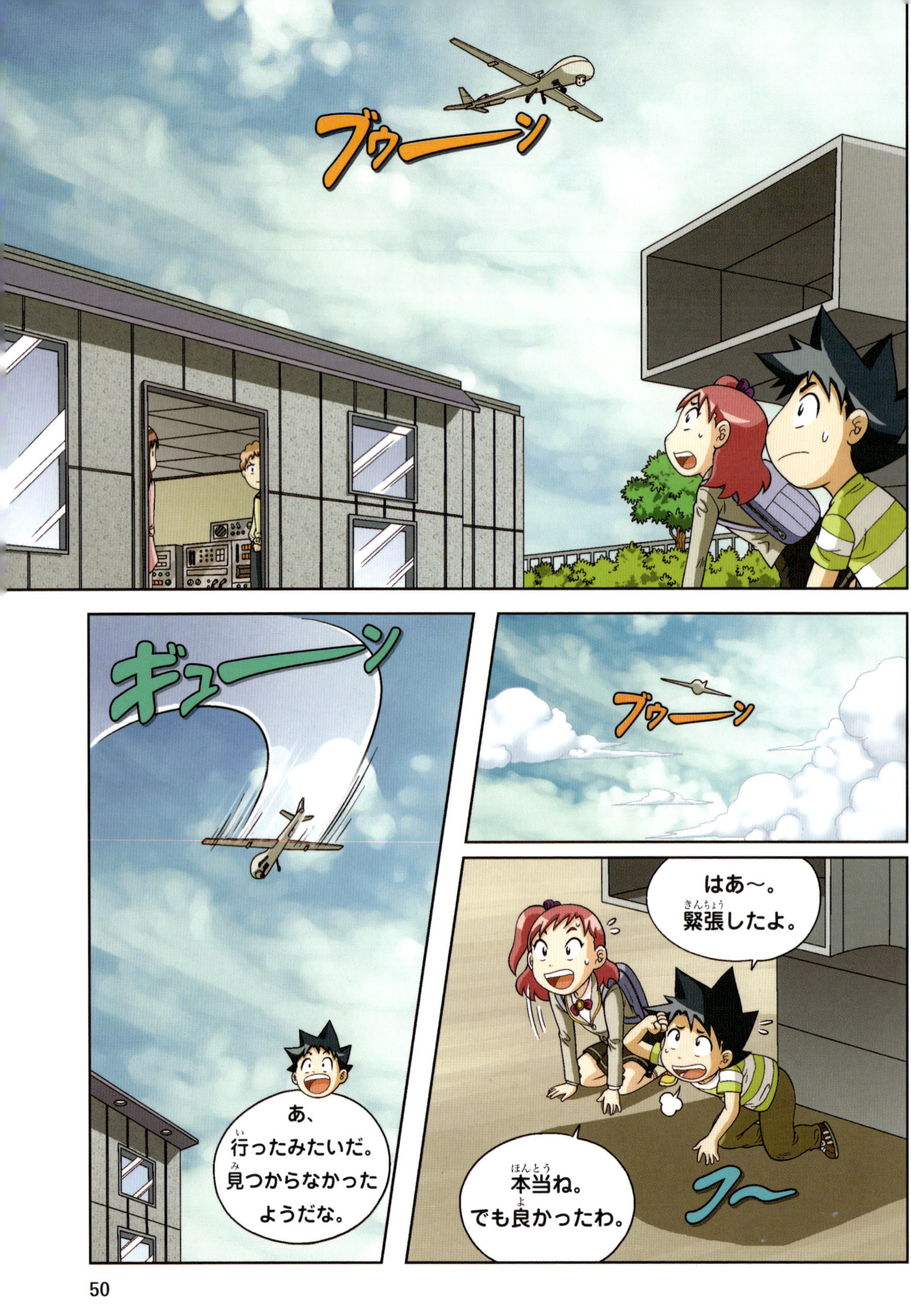
ブゥーーン
ギューーン
あ、
行《い》ったみたいだ。
見《み》つからなかった
ようだな。
ブゥーン
はあ～。
緊張《きんちょう》したよ。
本当《ほんとう》ね。
でも良《よ》かったわ。
フ～

見《み》つかっちゃうかと思《おも》ったわ。
ああ、マリのおかげだ。飛行《ひこう》ロボット大会《たいかい》で優勝《ゆうしょう》しただけのことはあるな。
あら、これくらい常識《じょうしき》よ。
ホホホ
偵察機《ていさつき》に見《み》つからなかったくらいでオーバーだな。
僕《ぼく》なんか、命《いのち》の恩人《おんじん》なんだぜ。
何《なん》ですって。
それはマリも同《おな》じだ。
無人偵察機《むじんていさつき》は主《おも》に監視《かんし》や偵察《ていさつ》に使《つか》われるが、ミサイルを搭載《とうさい》して攻撃《こうげき》できるものもあるんだ。
ミ、ミサイルだって。
プレデターという無人偵察機《むじんていさつき》は、レーザー誘導《ゆうどう》ミサイルを搭載《とうさい》して実際《じっさい》に戦争《せんそう》でも使《つか》われたのよ。
ドカーン

さっきは運《うん》が良《よ》かったけど、もし見《み》つかったらどうなるか分《わ》からないわ。
だからこれで貸《か》し借《か》りなし。
ササッ
あら。
ぼーっとしてないで、あいつが戻《もど》ってくる前《まえ》にここを離《はな》れよう。
ちょっと、話《はなし》は終《お》わってないわよ！
ジオ、待《ま》って。
ブーン
11SLU21440596
MAG 79 deg
23V
ジーッ

ねえ、方向《ほうこう》は
こっちで
いいの。
タッ
タッ
急《いそ》ごう。もたもたしてたら、
何《なに》が起《お》こるか分《わ》からないぞ。
タッ
タッ
タッ
中央統制センター
ハァ
ハァ

中央統制センター
見《み》ろ！
中央統制《ちゅうおうとうせい》センターだ。
やったわ！
これで終《お》わる
のね。
本当《ほんとう》に長《なが》い
1日《にち》だったわ。
グィ
グィ
探《さが》さなきゃ。
キョロ
キョロ
中央統制《ちゅうおうとうせい》
センターがここに
あるということは、
アバターを操《あやつ》る
装置《そうち》も近《ちか》くにある
はずだが。
それは後《あと》でいい。まずは
中央統制《ちゅうおうとうせい》センターに
入《はい》ろう。
そうなの？

ケイ、もう少《すこ》しだ。博士《はかせ》に会《あ》えば、全《すべ》て解決《かいけつ》だ。
よし。
ジ
ジー
サッ
ドウッ

空《そら》飛《と》ぶ監視者《かんししゃ》、無人偵察機《むじんていさつき》

プレデター

アメリカ国防省《こくぼうしょう》の主導《しゅどう》で開発《かいはつ》されたMQ-1は、略奪者《りゃくだつしゃ》という意味《いみ》の「プレデター」という別名《べつめい》もあります。この無人偵察機《むじんていさつき》は、最高《さいこう》で高度《こうど》7.6kmの上空《じょうくう》から約《やく》24時間《じかん》もの偵察《ていさつ》が可能《かのう》です。前方《ぜんぽう》の下《した》の部分《ぶぶん》には日中用《にっちゅうよう》のカメラと夜間用《やかんよう》の赤外線《せきがいせん》カメラが1台《だい》ずつ付《つ》いていて、3000m上空《じょうくう》から地上《ちじょう》の自動車《じどうしゃ》のナンバーまで確認《かくにん》できます。これまでの無人偵察機《むじんていさつき》が主《おも》に情報収集機能《じょうほうしゅうしゅうきのう》だけだったのに対《たい》して、プレデターはレーザーで誘導《ゆうどう》できるミサイルを搭載《とうさい》しており、直接目標物《ちょくせつもくひょうぶつ》を攻撃《こうげき》することもできるようになりました。

©Wikipedia

プレデター　全長《ぜんちょう》8.22m、重《おも》さ512kgの無人偵察機《むじんていさつき》。

リーパー

初代《しょだい》の無人偵察機《むじんていさつき》プレデターの改良型《かいりょうがた》、MQ-9は、「リーパー（死神《しにがみ》）」と呼《よ》ばれています。プレデターよりも飛行可能《ひこうかのう》な高度《こうど》や飛行時間《ひこうじかん》が向上《こうじょう》し、高度《こうど》15kmの上空《じょうくう》で約《やく》14～28時間《じかん》の飛行《ひこう》が可能《かのう》で、標的《ひょうてき》を見《み》つけて直接攻撃《ちょくせつこうげき》することもできます。プレデターよりエンジンの出力《しゅつりょく》が大《おお》きく、搭載可能《とうさいかのう》な重量《じゅうりょう》も約《やく》4倍《ばい》に増《ふ》えました。

©Wikipedia

リーパー　プレデターとリーパーは尾翼《びよく》で見分《みわ》けることができる。プレデターは尾翼《びよく》が逆《ぎゃく》Ｖ字型《じがた》で、リーパーはＹ字型《じがた》をしている。

レイヴンとデザートホーク

　手《て》でつかめるほど小《ちい》さな無人偵察機《むじんていさつき》もあります。RQ-11「レイヴン（ワタリガラス）」は全長《ぜんちょう》1m、重《おも》さ1.9kgで、軽《かる》くて操作方法《そうさほうほう》が単純《たんじゅん》なので誰《だれ》でも簡単《かんたん》に飛《と》ばせます。高度約《こうどやく》120mで約《やく》90分間《ぶんかん》飛行《ひこう》でき、赤外線《せきがいせん》カメラなど3台《だい》のカメラが搭載《とうさい》されています。

　デザートホークは搭載《とうさい》しているGPSに事前《じぜん》に経路《けいろ》を入力《にゅうりょく》しておくと、その指示《しじ》に従《したが》って移動《いどう》しながら情報収集《じょうほうしゅうしゅう》する無人偵察機《むじんていさつき》で、最大《さいだい》1時間飛行《じかんひこう》することができます。

©Wikipedia

デザートホーク　全長《ぜんちょう》86cm、重《おも》さ3.2kg。手《て》で持《も》ち上《あ》げることもできる。

グローバルホーク

　全長約《ぜんちょうやく》13mの最《もっと》も大《おお》きな無人偵察機《むじんていさつき》で、アメリカ連邦航空局《れんぽうこうくうきょく》の認証《にんしょう》を受《う》けており、事前《じぜん》に許可《きょか》を取《と》らなくてもアメリカ領空内《りょうくうない》の民間空域《みんかんくういき》を飛行《ひこう》することができます。民《みん》間《かん》ジェット旅客機《りょかっき》の2倍《ばい》にあたる高度約《こうどやく》2万《まん》mの上空《じょうくう》を飛《と》べるので、地上《ちじょう》からの攻撃《こうげき》を受《う》けにくいという長所《ちょうしょ》があります。最高速度《さいこうそくど》は時速《じそく》800kmで、約《やく》36時間《じかん》もの連続《れんぞく》飛行《ひこう》が可能《かのう》なので、数千《すうせん》kmも離《はな》れた地点《ちてん》を偵察《ていさつ》して戻《もど》ってくることができます。

U.S. AIR FORCE
©Wikipedia

その姿《すがた》から、「空飛《そらと》ぶ鯨《くじら》」とも呼《よ》ばれるのよ。
呼《よ》んだ？

グローバルホーク　プレデターなどとは異《こと》なり、攻撃能力《こうげきのうりょく》は持《も》たない。

4章《しょう》

絶体絶命《ぜったいぜつめい》の戦場《せんじょう》

危《あぶ》ない！
早《はや》く伏《ふ》せろ。
きゃあっ。
ダダダッ
うわっ
キャ〜ッ
何《なに》が起《お》きてるの。
今《いま》のは本物《ほんもの》の銃声《じゅうせい》？
僕《ぼく》にも分《わ》からん。
ジ、ジオは？

ジ、ジオ！
うう。いてて、頭《あたま》が割《わ》れたかと思《おも》った。
無事《ぶじ》なの？良《よ》かった。
心配《しんぱい》させるなよ。
ナデナデ
大《おお》げさだな。音《おと》に驚《おどろ》いて倒《たお》れただけだよ。
あれ。
コン
コロコロ

スッ
これって銃弾《じゅうだん》?!
本当《ほんとう》に殺《ころ》すつもりだったのか。
ちょっと見《み》せろ。
ヒョイ
パッ
これは射撃《しゃげき》の訓練《くんれん》や暴動鎮圧用《ぼうどうちんあつよう》に使《つか》われるゴム弾《だん》だ。

ゴム弾《だん》なんかで僕《ぼく》を倒《たお》せると思《おも》ってるのか。
ガバッ
誰《だれ》だ、出《で》て来《こ》い。
危《あぶ》ない！立《た》ち上《あ》がるな。
ダダダッ
わっ！
ええっ。一瞬《いっしゅん》で粉々《こなごな》になったぞ！
ボロッ

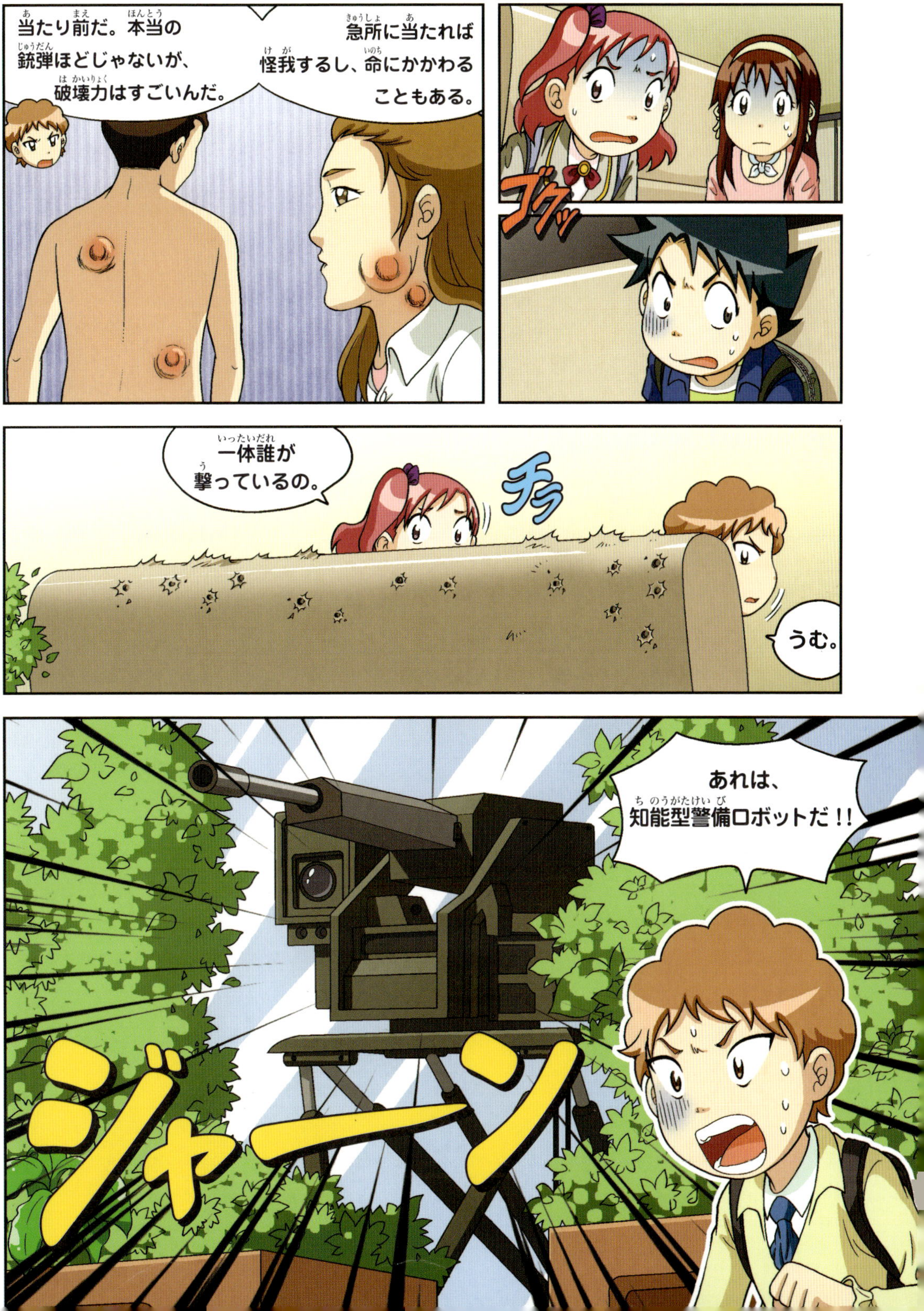
当《あ》たり前《まえ》だ。本当《ほんとう》の銃弾《じゅうだん》ほどじゃないが、破壊力《はかいりょく》はすごいんだ。
急所《きゅうしょ》に当《あ》たれば怪我《けが》するし、命《いのち》にかかわることもある。
ゴクッ
一体誰《いったいだれ》が撃《う》っているの。
チラ
うむ。
あれは、知能型警備《ちのうがたけいび》ロボットだ!!
ジャーン

あれは、人間《にんげん》の代《か》わりに基地《きち》の警備《けいび》や監視《かんし》を目的《もくてき》に作《つく》られたロボットだ。監視《かんし》カメラで目標物《もくひょうぶつ》を探知《たんち》して、敵《てき》と判断《はんだん》すれば装備《そうび》した自動小銃《じどうしょうじゅう》で射撃《しゃげき》する。
警備《けいび》ロボットを搭載《とうさい》した戦艦《せんかん》
機動型警備《きどうがたけいび》ロボット
固定型警備《こていがたけいび》ロボット
射程距離内《しゃていきょりない》での命中率《めいちゅうりつ》が95%以上《いじょう》のロボットもあるんだ。
ええっ。そんなに命中率《めいちゅうりつ》が高《たか》いの。
じゃあ、ここから動《うご》けないってこと？
ああ。警備《けいび》ロボットはわずかな動《うご》きも感知《かんち》する。
僕《ぼく》たちが助《たす》かるための唯一《ゆいいつ》の方法《ほうほう》は、
あのロボットを倒《たお》すことだ。

動《うご》けないのに、どうやって
ロボットを倒《たお》すの？
ロボットに近付《ちかづ》く前《まえ》に
蜂《はち》の巣《す》になっちゃうわ。
あ。
いいこと
思《おも》い付《つ》いた。
何《なに》？
暗闇襲撃大作戦《くらやみしゅうげきだいさくせん》だ。
暗闇襲撃大作戦《くらやみしゅうげきだいさくせん》?!
バシ
まず電気《でんき》を消《け》して、
ここを真《ま》っ暗《くら》にする。
ソロソロ
真《ま》っ暗《くら》
そしたらロボットには
僕《ぼく》たちが見《み》えないだろ。
そこで
あいつに近付《ちかづ》き、
倒《たお》すんだ。
バコッ
フフフ
どうだ、
完璧《かんぺき》だろ。

あ～あ。
フウー
はあ～。
何《なん》だよ、その反応《はんのう》は。
作戦《さくせん》が難《むずか》しくて、
理解《りかい》できないのか。
どこがよ！ 保安《ほあん》ロボットの性能《せいのう》を
もう忘《わす》れたの？！
何《なん》だっけ。
赤外線《せきがいせん》感知《かんち》装置《そうち》の
ことだ。
保安《ほあん》ロボットと同《おな》じで、
警備《けいび》ロボットにも
赤外線《せきがいせん》感知器《かんちき》がある。
電気《でんき》を消《け》しても
攻撃《こうげき》してくるぞ。
ガン
パッ
電気《でんき》を消《け》したら
不利《ふり》なのはこっちよ。
ハウスロボットの時《とき》も、
どこから攻撃《こうげき》してくる
か分《わ》からなくて
困《こま》ったでしょ。

ホジ
ホジ
え〜、そうだっけ。
思《おも》い出《だ》せないよ。
何《なに》あれ。
ちょっと。
今日《きょう》のことなのに
もう忘《わす》れたの。
ガバッ
もう!
ポイッ
サッ
ジジッ
ダ
ダ
ダッ
あっ。

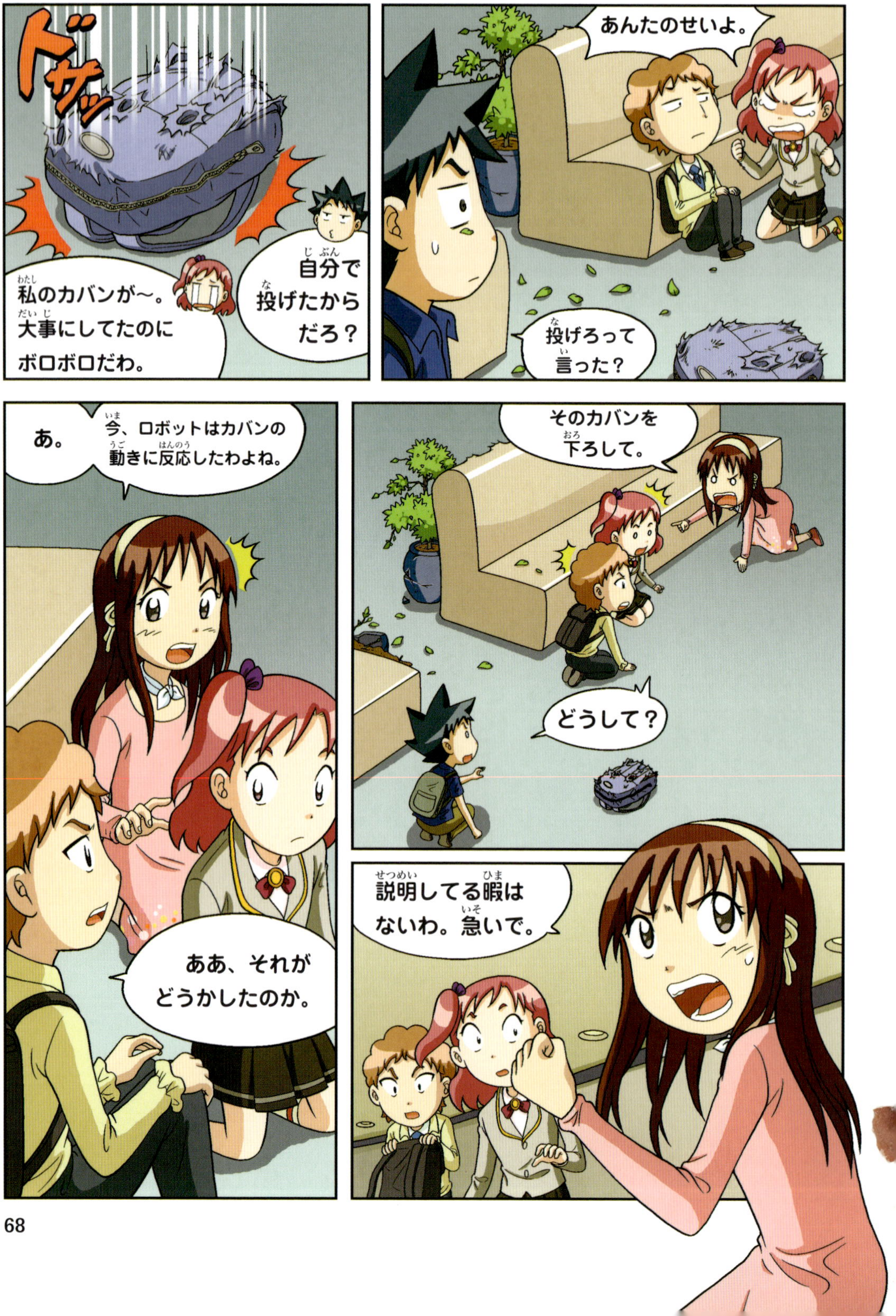
ドサッ
私《わたし》のカバンが～。大事《だいじ》にしてたのにボロボロだわ。
自分《じぶん》で投《な》げたからだろ？
あんたのせいよ。
投《な》げろって言《い》った？
あ。
今《いま》、ロボットはカバンの動《うご》きに反応《はんのう》したわよね。
ああ、それがどうかしたのか。
そのカバンを下《お》ろして。
どうして？
説明《せつめい》してる暇《ひま》はないわ。急《いそ》いで。

あの天井《てんじょう》、見《み》えるでしょ。
私《わたし》の合図《あいず》で、カバンをあそこに投《な》げて。
ああ。戦闘《せんとう》ロボットの能力《のうりょく》を利用《りよう》するんだな。
よし。
上手《うま》くいけばいいが。
用意《ようい》はいい？
今《いま》よ、投《な》げて！
ポイッ
パッ

ジジーッ
ダダダッ
ジジッ
こっちよ。

やった！
作戦成功《さくせんせいこう》だな。
いいから、
早《はや》く走《はし》るのよ。
ピタッ
ジジッ

あ、このドア開《ひら》いてるぞ！
タタタッ
ひとまずここに隠《かく》れよう。
え。
伏《ふ》せろ！

ドザッ
ガン
ダダダッ
早《はや》くドアを閉《し》めろ。
ダダダダダッ

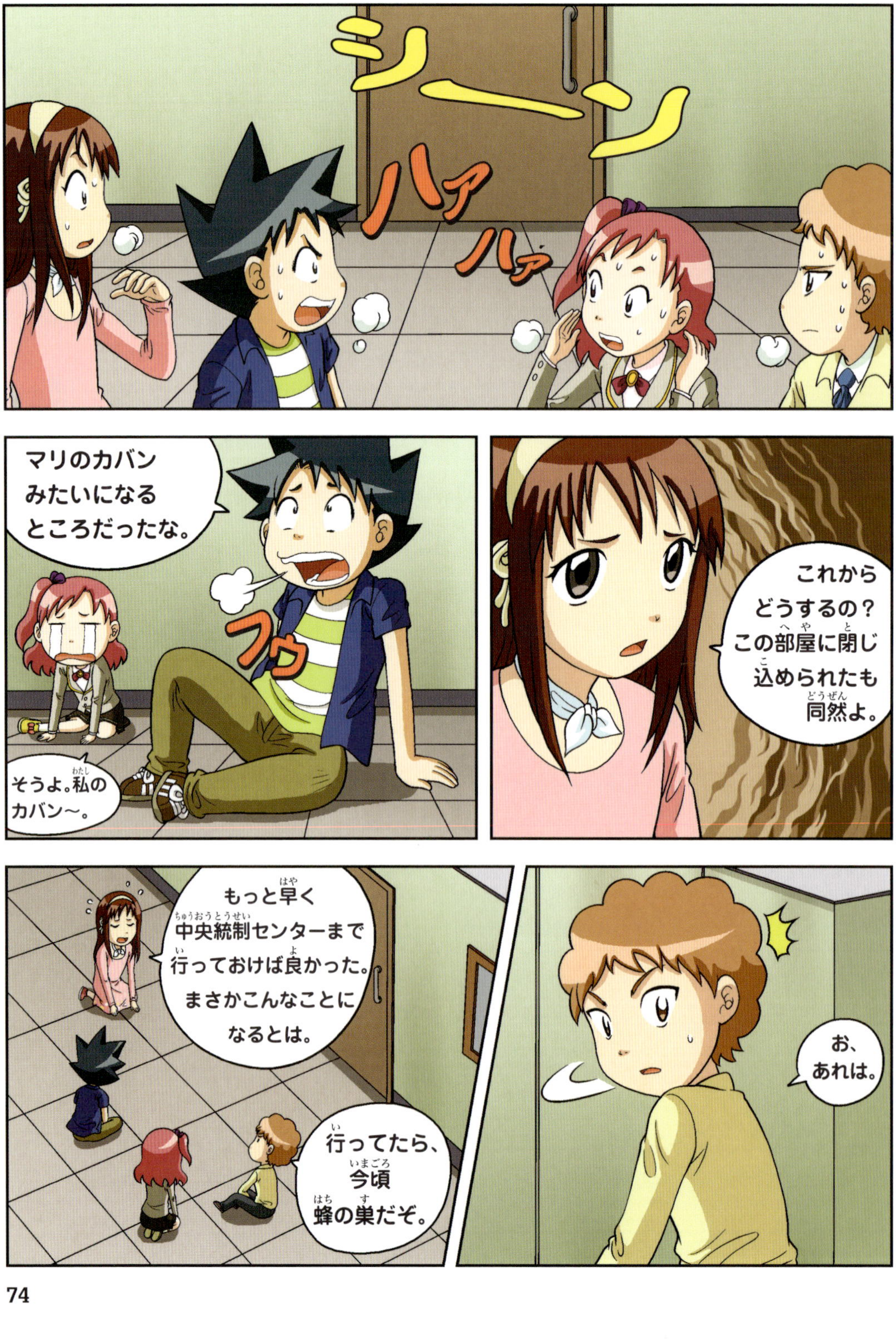
シーン
ハァ
ハァ
マリのカバンみたいになるところだったな。
フウ
そうよ。私《わたし》のカバン～。
これからどうするの？この部屋《へや》に閉《と》じ込《こ》められたも同然《どうぜん》よ。
もっと早《はや》く中央統制《ちゅうおうとうせい》センターまで行《い》っておけば良《よ》かった。まさかこんなことになるとは。
行《い》ってたら、今頃《いまごろ》蜂《はち》の巣《す》だぞ。
お、あれは。

この部屋《へや》にいても、少《すこ》し頭《あたま》を使《つか》えばやつの相手《あいて》をできるんじゃないか。
パッ

いろいろな軍事《ぐんじ》ロボット

ロボットは人間《にんげん》に代《か》わって仕事《しごと》をするのが主《おも》な役割《やくわり》ですが、時《とき》には人《ひと》に危害《きがい》を与《あた》えるための武器《ぶき》として使《つか》われることもあります。人《ひと》の代《か》わりに敵《てき》と戦《たたか》うために開発《かいはつ》された軍事《ぐんじ》ロボットは、危険《きけん》な戦場《せんじょう》でも人命《じんめい》を失《うしな》うことなく敵地《てきち》に入《はい》ることができますし、攻撃能力《こうげきのうりょく》も高《たか》いので恐《おそ》ろしい殺人兵器《さつじんへいき》として使用《しよう》されることもあります。

爆発物《ばくはつぶつ》や地雷《じらい》の除去《じょきょ》を行《おこな》うロボット

爆発物《ばくはつぶつ》や地雷《じらい》の除去《じょきょ》に使《つか》われるロボットは、市街戦《しがいせん》で建物《たてもの》のがれきが残《のこ》る地域《ちいき》や、危険物《きけんぶつ》が設置《せっち》される可能性《かのうせい》が高《たか》い狭《せま》い通路《つうろ》や下水溝《げすいこう》などでも自由《じゆう》に動《うご》くことができるよう、小型《こがた》のものがほとんどです。

危険物《きけんぶつ》を除去《じょきょ》するロボットとして有名《ゆうめい》なのが、イラク戦争《せんそう》と9.11アメリカ同時多《どうじた》発《はつ》テロ事件《じけん》の現場《げんば》で大活躍《だいかつやく》した、パックボット（PackBot）です。アメリカで開発《かいはつ》されたパックボットは、リュックサックに入《はい》るほどの大《おお》きさで、遠隔操作《えんかくそうさ》によってロボットアームを使《つか》って爆発物《ばくはつぶつ》を除去《じょきょ》したり、浅《あさ》い場所《ばしょ》では泳《およ》ぐこともできます。福島第一《ふくしまだいいち》原子力発電所《げんしりょくはつでんしょ》の事故《じこ》でもパックボットが投入《とうにゅう》され、原発内《げんぱつない》の化学物質《かがくぶっしつ》や放射線量《ほうしゃせんりょう》を測《そく》定《てい》するなど、重要《じゅうよう》な役割《やくわり》を果《は》たしました。

韓国《かんこく》にもロブヘズ（ROBHAZ）というロボットがいて、階段《かいだん》を上《あが》ることや、付属《ふぞく》している手《て》を使《つか》ってドアを開《あ》けたり爆発物《ばくはつぶつ》を除去《じょきょ》することができます。また、上部《じょうぶ》に搭載《とうさい》されたカメラで周《まわ》りの様子《ようす》をうかがう偵察任務《ていさつにんむ》も行《おこな》うことができます。

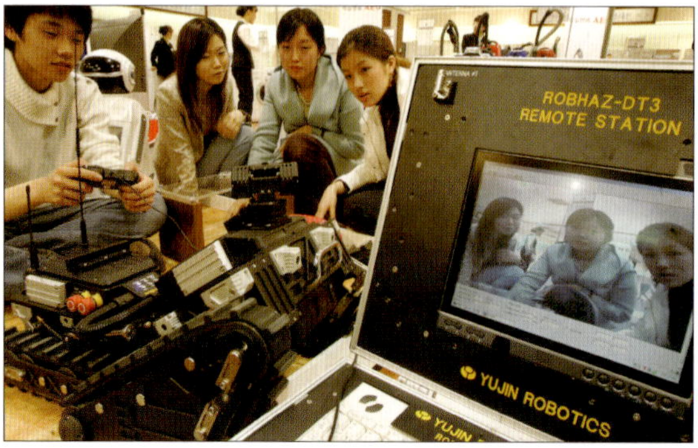

© 연합뉴스

ROBHAZを見学《けんがく》する人々《ひとびと》
映像《えいぞう》やデータを送受信《そうじゅしん》したり、危険《きけん》な地域《ちいき》の捜索《そうさく》や偵察《ていさつ》も行《おこな》うことができる。

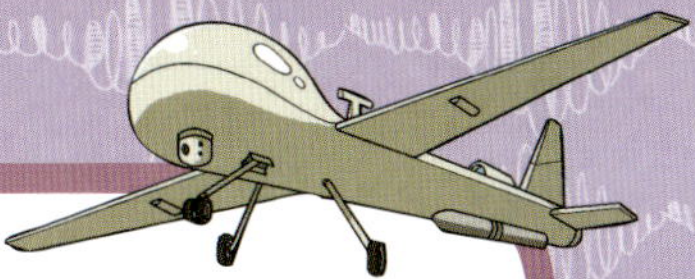

警備《けいび》ロボット

　ギリシャ神話《しんわ》の大神《おおかみ》ゼウスが娘《むすめ》アテナに与《あた》えた盾《たて》から名前《なまえ》を付《つ》けた、韓国《かんこく》のイージスロボットは、監視《かんし》や警戒《けいかい》を主《おも》な任務《にんむ》とする戦闘型《せんとうがた》ロボットです。夜間《やかん》カラーカメラやサーモグラフィシステムを利用《りよう》して、24時間《じかん》休《やす》まず警備《けいび》することができ、万一侵入者《まんいちしんにゅうしゃ》が現《あらわ》れた場合《ばあい》には、内蔵《ないぞう》されたコンピューターで正確《せいかく》な距離《きょり》を計算《けいさん》して、高《たか》い命中率《めいちゅうりつ》で射撃《しゃげき》を行《おこな》います。

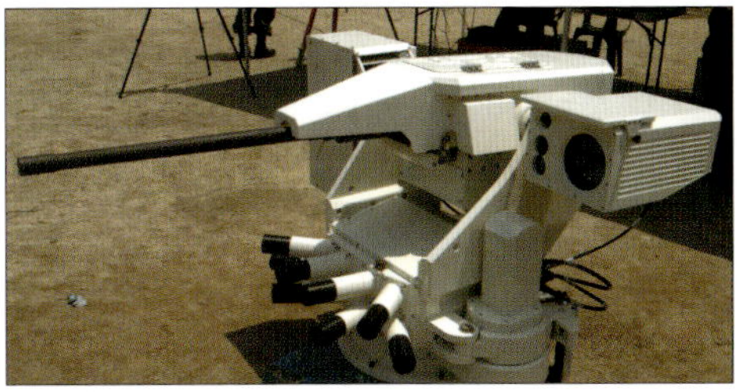

©도담시스템스

スーパーイージスⅡ

輸送《ゆそう》ロボット

　軍隊《ぐんたい》で使用《しよう》される輸送《ゆそう》ロボットは、人《ひと》の代《か》わりに弾薬《だんやく》や配給品《はいきゅうひん》を補給《ほきゅう》したり、任務《にんむ》のために必要《ひつよう》な物資《ぶっし》を運《はこ》ぶ目的《もくてき》で開発《かいはつ》されました。移動方式《いどうほうしき》によって、タイヤを使《つか》った車輪型《しゃりんがた》と無限軌道型《むげんきどうがた》、数組《すうくみ》の足《あし》で移動《いどう》する多足型《たそくがた》ロボットなどに分《わ》かれます。

　輸送《ゆそう》ロボットの中《なか》でも有名《ゆうめい》なビッグドッグは、センサーからの情報《じょうほう》をもとに歩行《ほこう》パターンをリアルタイムで分析《ぶんせき》するので、状《じょう》況《きょう》に応《おう》じて転倒《てんとう》しないようにバランスをとって移動《いどう》できます。凍《こお》った道《みち》や坂道《さかみち》の移《い》動《どう》も可能《かのう》で、約《やく》150kgの荷物《にもつ》を積《つ》んで時《じ》速《そく》5.3kmの速《はや》さで走《はし》ることもできます。

©Wikipedia

ビッグドッグ

100kgなんか
ラクラクだ。
100kg
～♫
待《ま》って～。
100kg

5章《しょう》

アバターロボット vs 戦闘《せんとう》ロボット

じゃあ、これがアバターロボットの操縦装置《そうじゅうそうち》なのか。
ああ、間違《まちが》いない。
これでアバターロボットを動《うご》かしても、あの戦闘《せんとう》ロボットに太刀打《たちう》ちできるかしら。すごい攻撃力《こうげきりょく》だったじゃない。
それはやってみなきゃ分《わ》からないだろ。
あ。

遊《あそ》んでる場合《ばあい》じゃないのよ。どきなさい！
ウィ
グィ
グィ
1回《かい》僕《ぼく》にやらせてよ。
当《あ》たり前《まえ》でしょ。これは脳波《のうは》を利用《りよう》して操縦《そうじゅう》するのよ。
うん。さっきもそう言《い》ってただろ。
?
はっきり言《い》うけど、あんた、頭《あたま》悪《わる》いでしょ。
ううっ。
ウンウン。
でも、脳波《のうは》と知能《ちのう》は関係《かんけい》がないから。
だよね。
それはそうだけど。

脳波《のうは》は脳神経《のうしんけい》の間《あいだ》で信号《しんごう》が伝《つた》わる時《とき》に生《しょう》じる電気《でんき》の流《なが》れだ。知能《ちのう》とは関係《かんけい》なく流《なが》れる。すなわち、集中力《しゅうちゅうりょく》さえあれば十分《じゅうぶん》ロボットを操縦《そうじゅう》できるってことだ。実験《じっけん》ではサルでも成功《せいこう》したことがある。
頭脳《ずのう》の出番《でばん》がなくて残念《ざんねん》だな。
カン
カン
まるで空《あ》き缶《かん》みたいな音《おと》ね。
心配《しんぱい》無用《むよう》！みんなの期待《きたい》は裏切《うらぎ》らないさ。
サッ
も、もう少《すこ》し大《おお》きいのはないの。
グイッ
早《はや》くも不安《ふあん》が……。

それじゃ、つなげるぞ。
スッ
どうしてヘルメットを被《かぶ》るの？
脳《のう》に針《はり》を直接《ちょくせつ》刺《さ》す代《か》わりに、このヘルメットで脳波《のうは》を読《よ》み取《と》るんだ。脳波《のうは》を認識《にんしき》するとコンピューターに命令《めいれい》を伝《つた》えてくれる。

はっきり正確《せいかく》に伝《つた》えなきゃいけないんだ。絶対《ぜったい》に他《ほか》のことを考《かんが》えちゃ駄目《だめ》だぞ。
コクッ
余計《よけい》な心配《しんぱい》しないで、早《はや》く始《はじ》めよう。
よし、行《い》くぞ！
ポチ
ウィーン

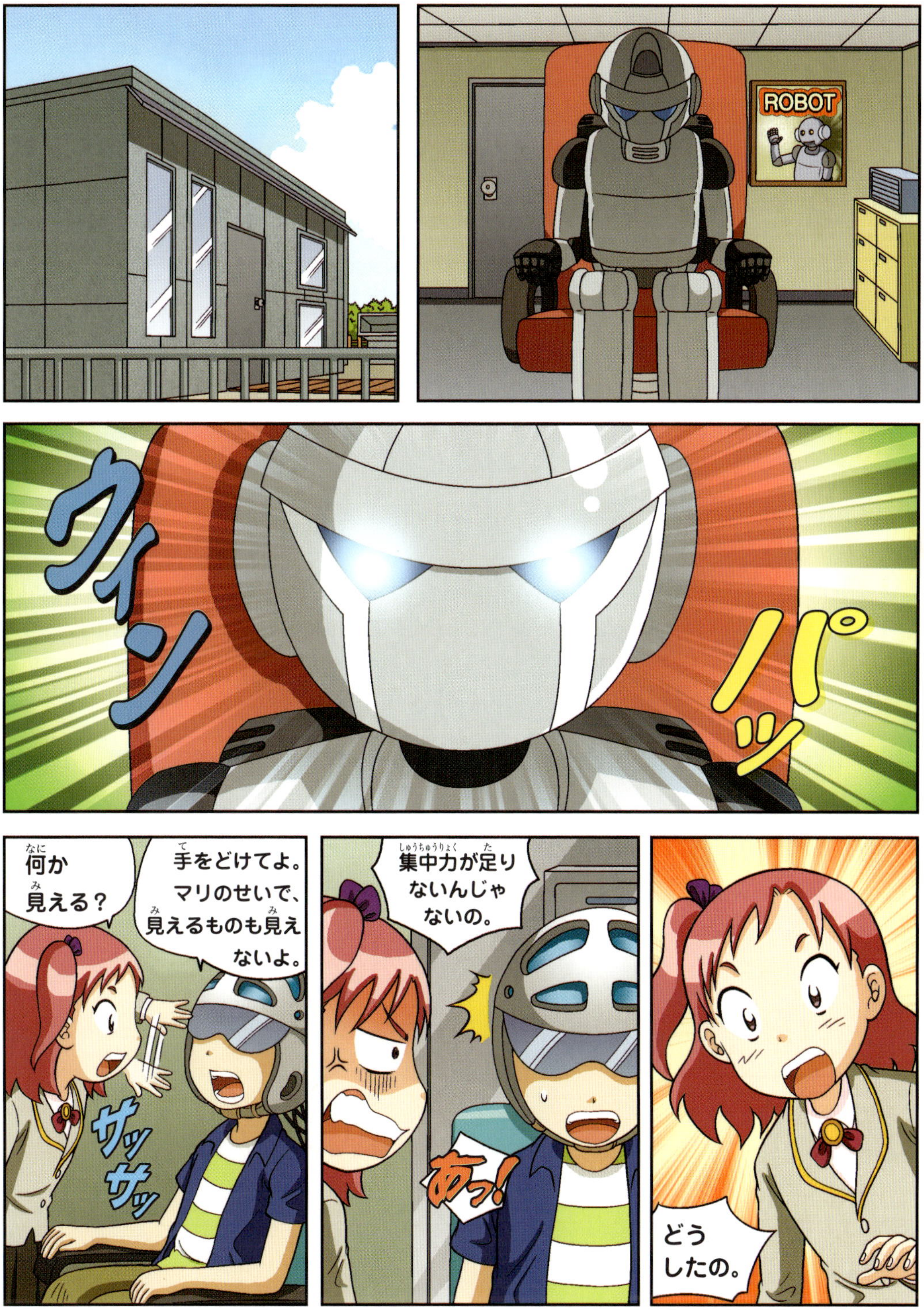
ROBOT
ウィン
パッ
何《なに》か
見《み》える？
手《て》をどけてよ。
マリのせいで、
見《み》えるものも見《み》え
ないよ。
サッサッ
集中力《しゅうちゅうりょく》が足《た》り
ないんじゃ
ないの。
あっ！
どう
したの。

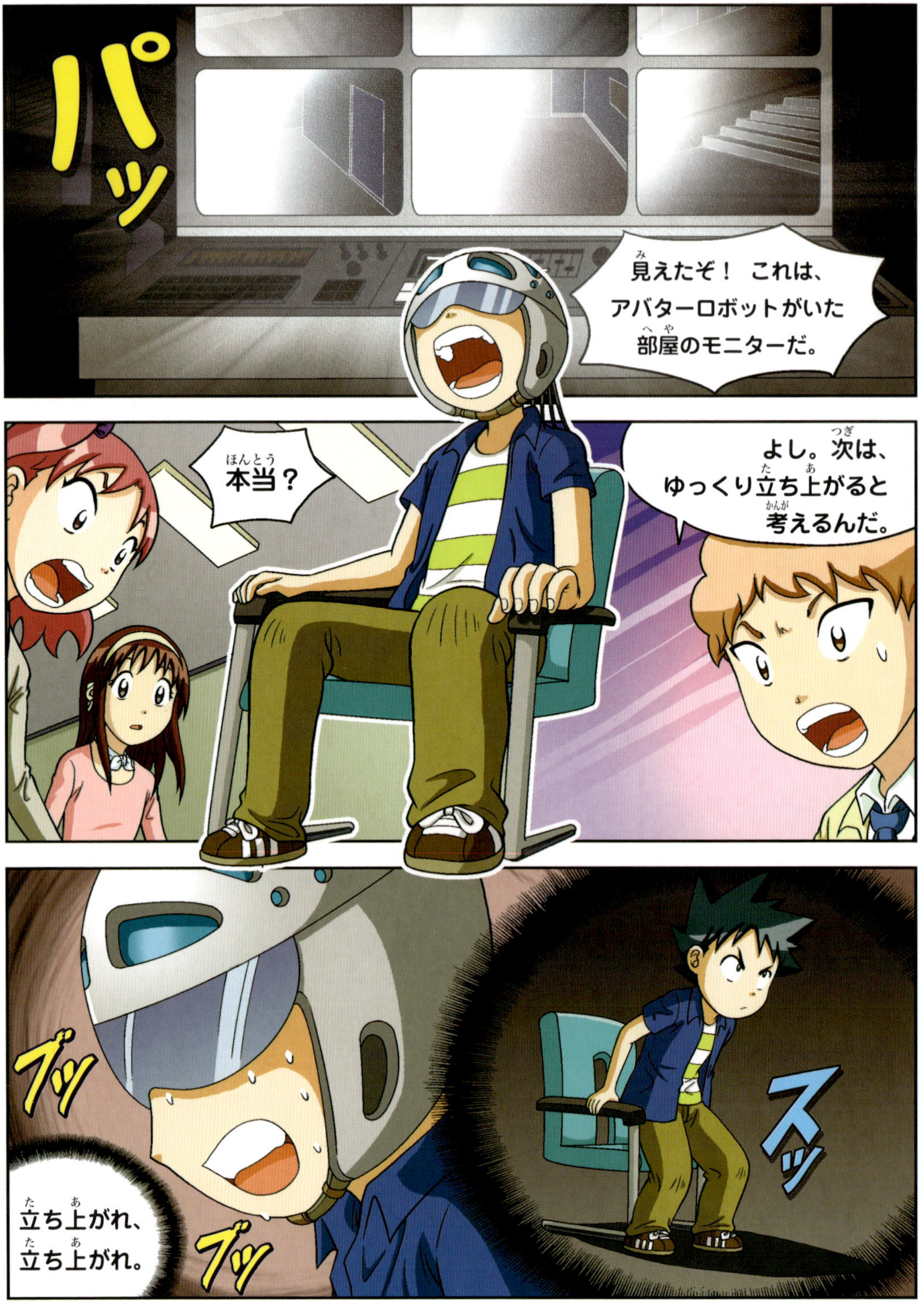
パッ
見《み》えたぞ！ これは、アバターロボットがいた部屋《へや》のモニターだ。
よし。次《つぎ》は、ゆっくり立《た》ち上《あ》がると考《かんが》えるんだ。
本当《ほんとう》？
スッ
ブッ
ブッ
立《た》ち上《あ》がれ、立《た》ち上《あ》がれ。

ギィーッ
た、立《た》ち上《あ》がった！
今度《こんど》は1歩《ぽ》ずつ歩《ある》くと考《かんが》えてみろ。
うん、分《わ》かった。
あれ？どうしてだ。脚《あし》が動《うご》かない。
ピタッ
慌《あわ》てず、集中《しゅうちゅう》しろ。

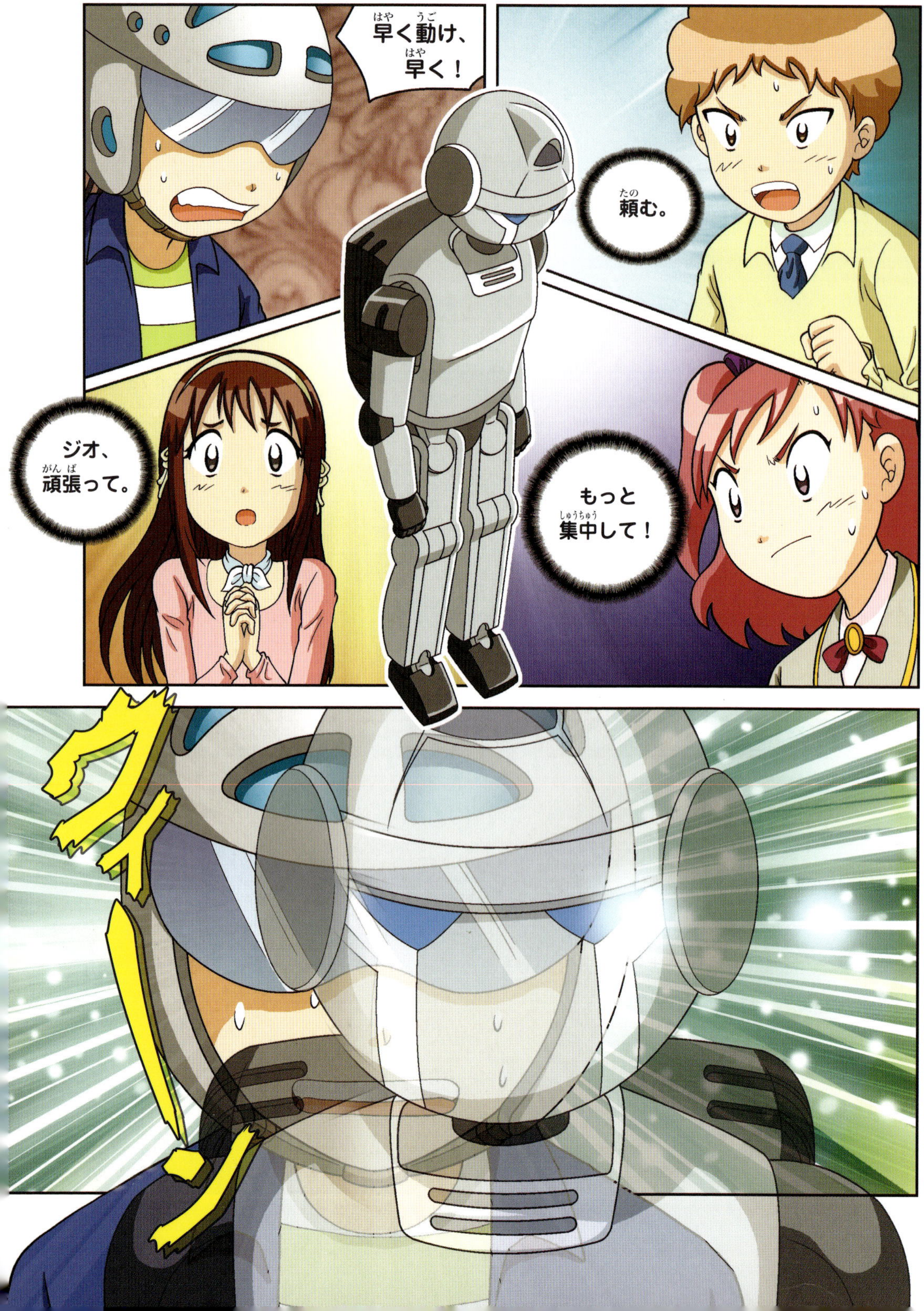
頼《たの》む。
早《はや》く動《うご》け、早《はや》く！
もっと集中《しゅうちゅう》して！
ジオ、頑張《がんば》って。
ウィーン

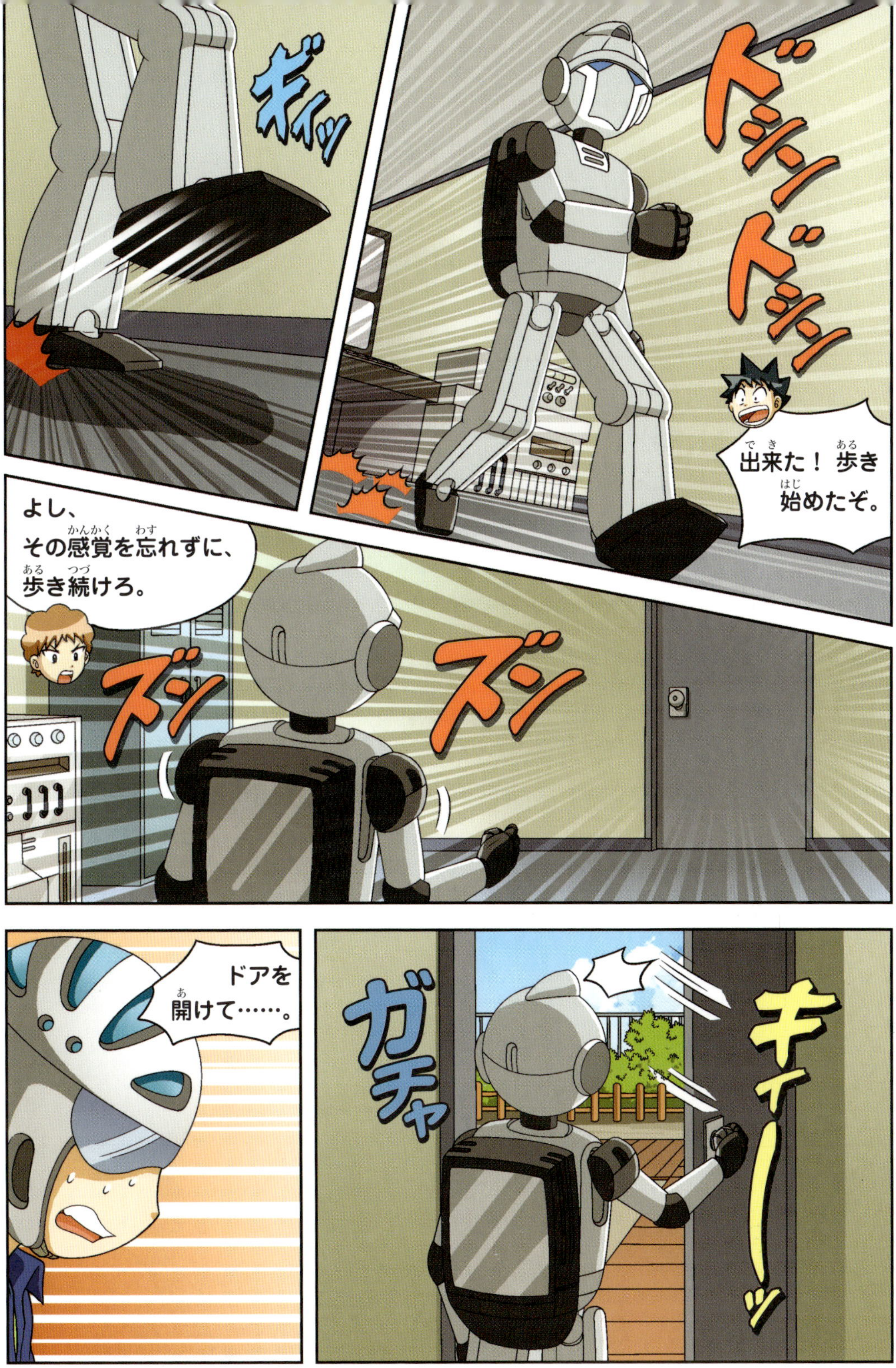

ギィッ
ドシン
ドシン
出来《でき》た！ 歩《ある》き始《はじ》めたぞ。
よし、その感覚《かんかく》を忘《わす》れずに、歩《ある》き続《つづ》けろ。
ズン
ズン
ドアを開《あ》けて……。
ガチャ
キィーーッ

ズンズン
このまま中央統制《ちゅうおうとうせい》センターまで行《い》くんだ。
ズンズン
ズンズン
ズンズン

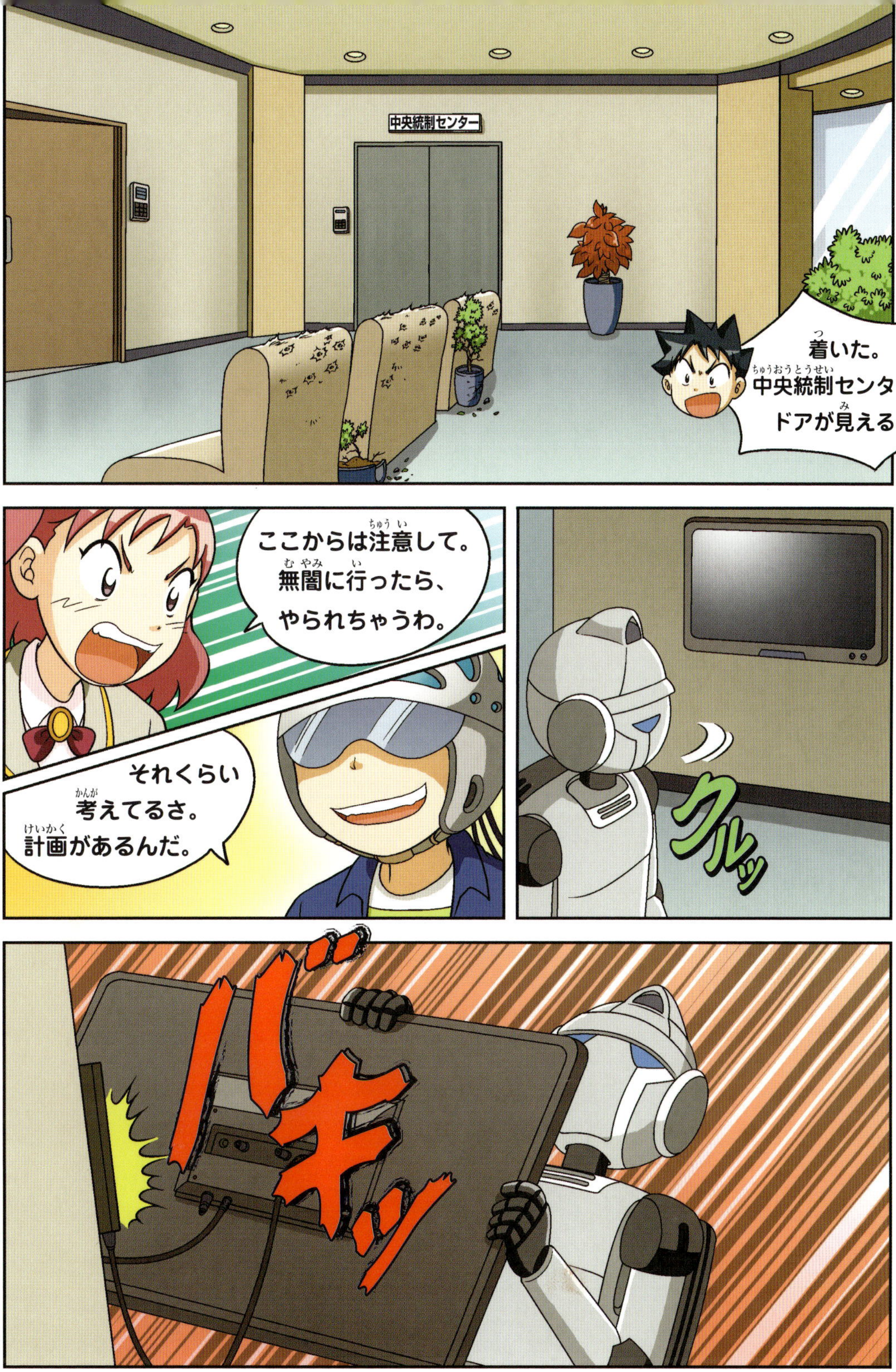
中央統制センター
着《つ》いた。
中央統制《ちゅうおうとうせい》センターのドアが見《み》える！
ここからは注意《ちゅうい》して。
無闇《むやみ》に行《い》ったら、
やられちゃうわ。
それくらい考《かんが》えてるさ。
計画《けいかく》があるんだ。
クルッ
バキッ

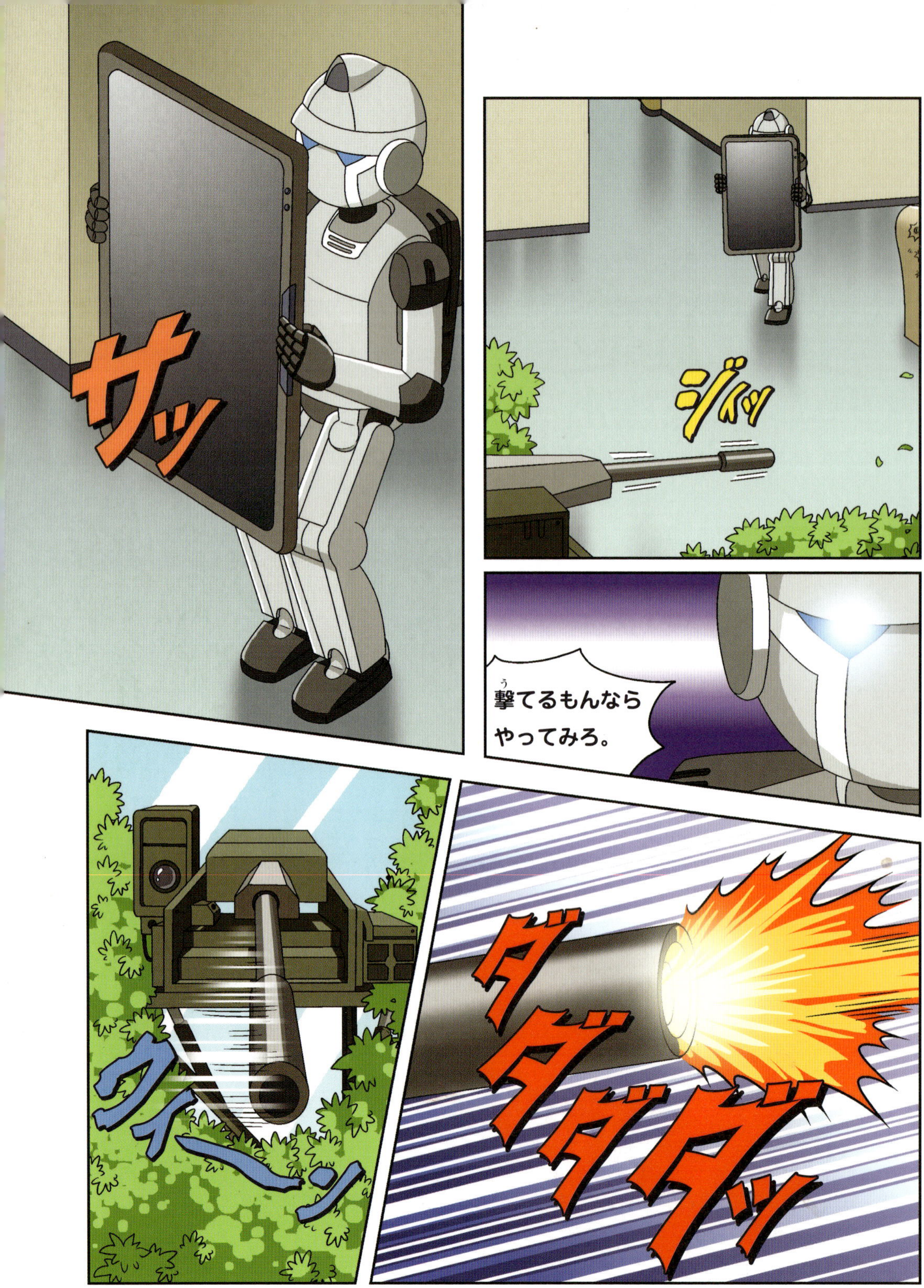
サッ
ジィッ
撃《う》てるもんなら
やってみろ。
ウィーン
ダダダダッ

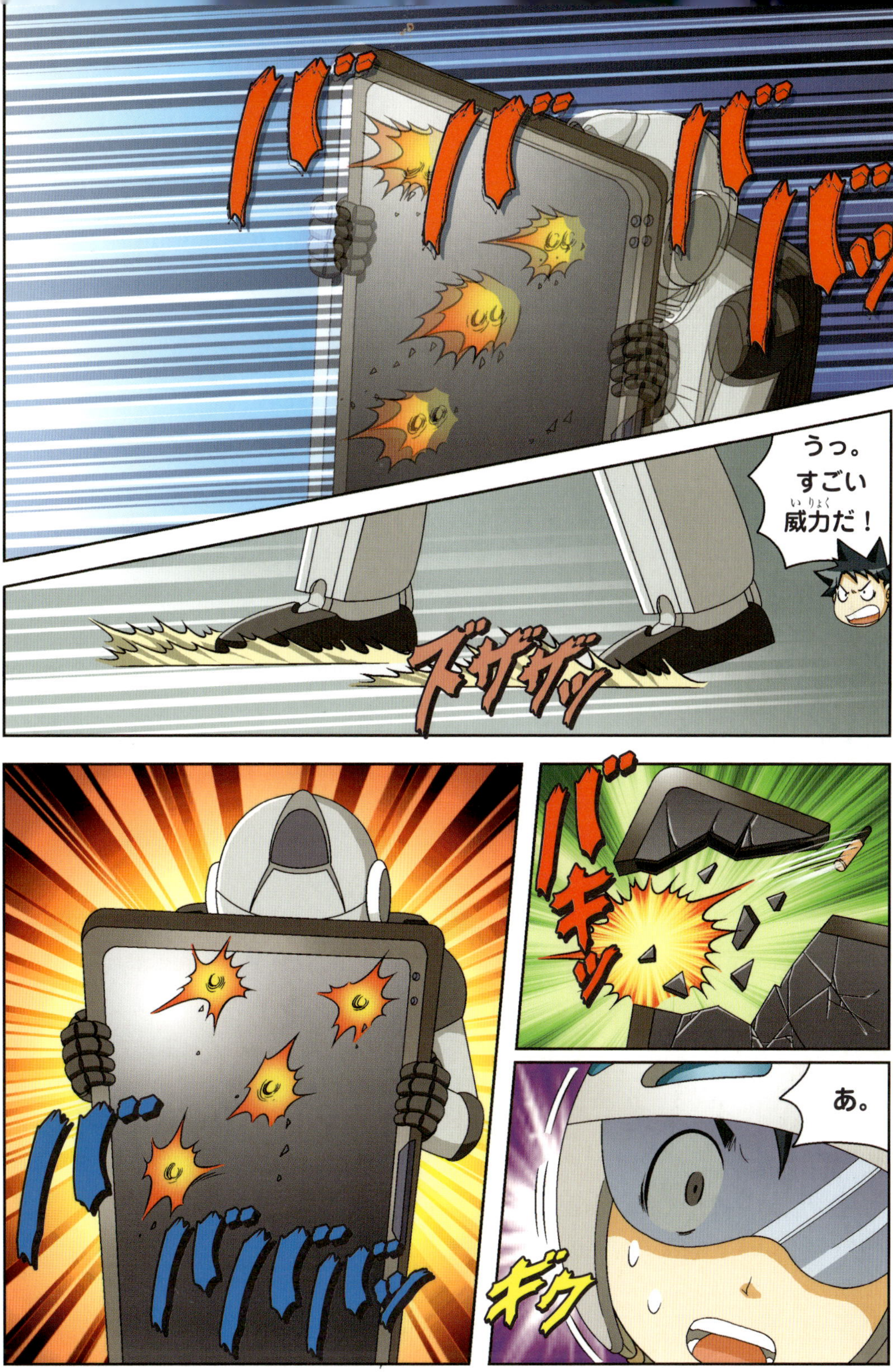
ババババッ
ズザザッ
うっ。すごい威力《いりょく》だ！
ババババッ
バキッ
ギク
あ。

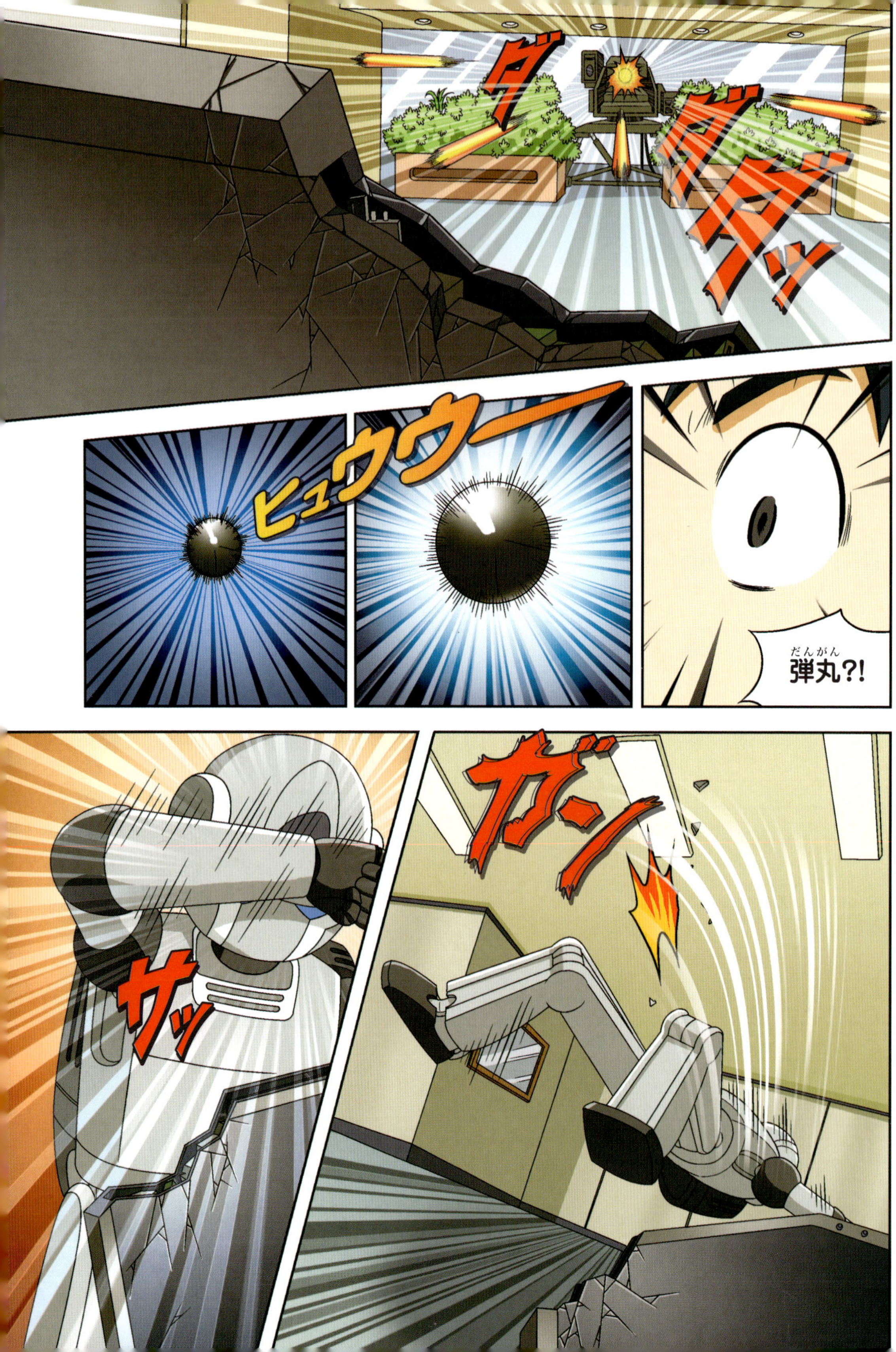
ダ
ダダダッ
ヒュウウー
弾丸《だんがん》?!
サッ
ガン

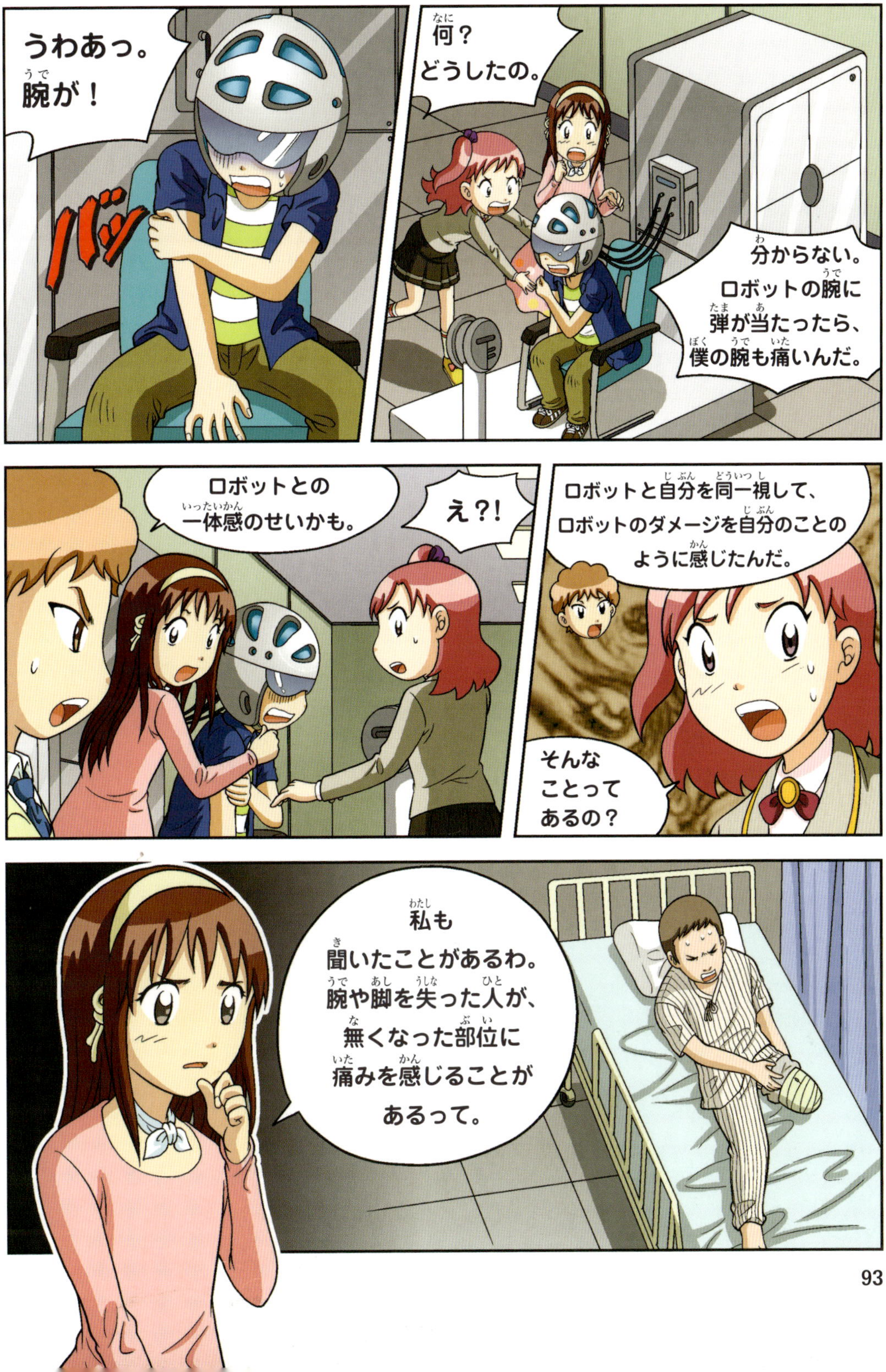
うわあっ。
腕《うで》が！
バッ
何《なに》？
どうしたの。
分《わ》からない。
ロボットの腕《うで》に
弾《たま》が当《あ》たったら、
僕《ぼく》の腕《うで》も痛《いた》いんだ。
ロボットとの
一体感《いったいかん》のせいかも。
え?!
ロボットと自分《じぶん》を同一視《どういつし》して、
ロボットのダメージを自分《じぶん》のことの
ように感《かん》じたんだ。
そんな
ことって
あるの？
私《わたし》も
聞《き》いたことがあるわ。
腕《うで》や脚《あし》を失《うしな》った人《ひと》が、
無《な》くなった部位《ぶい》に
痛《いた》みを感《かん》じることが
あるって。

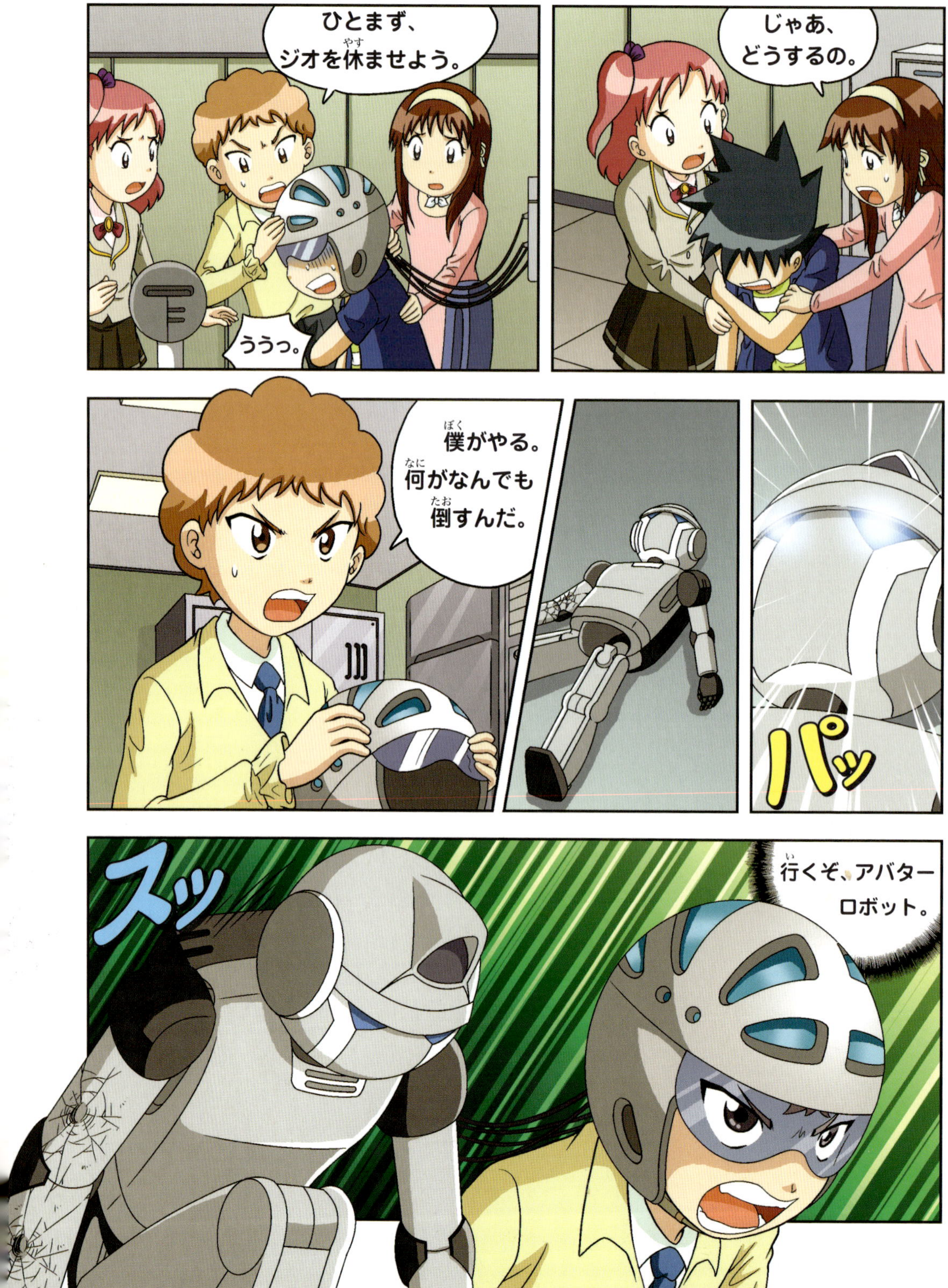
ひとまず、ジオを休《やす》ませよう。
ううっ。
じゃあ、どうするの。
僕《ぼく》がやる。何《なに》がなんでも倒《たお》すんだ。
パッ
スッ
行《い》くぞ、アバターロボット。

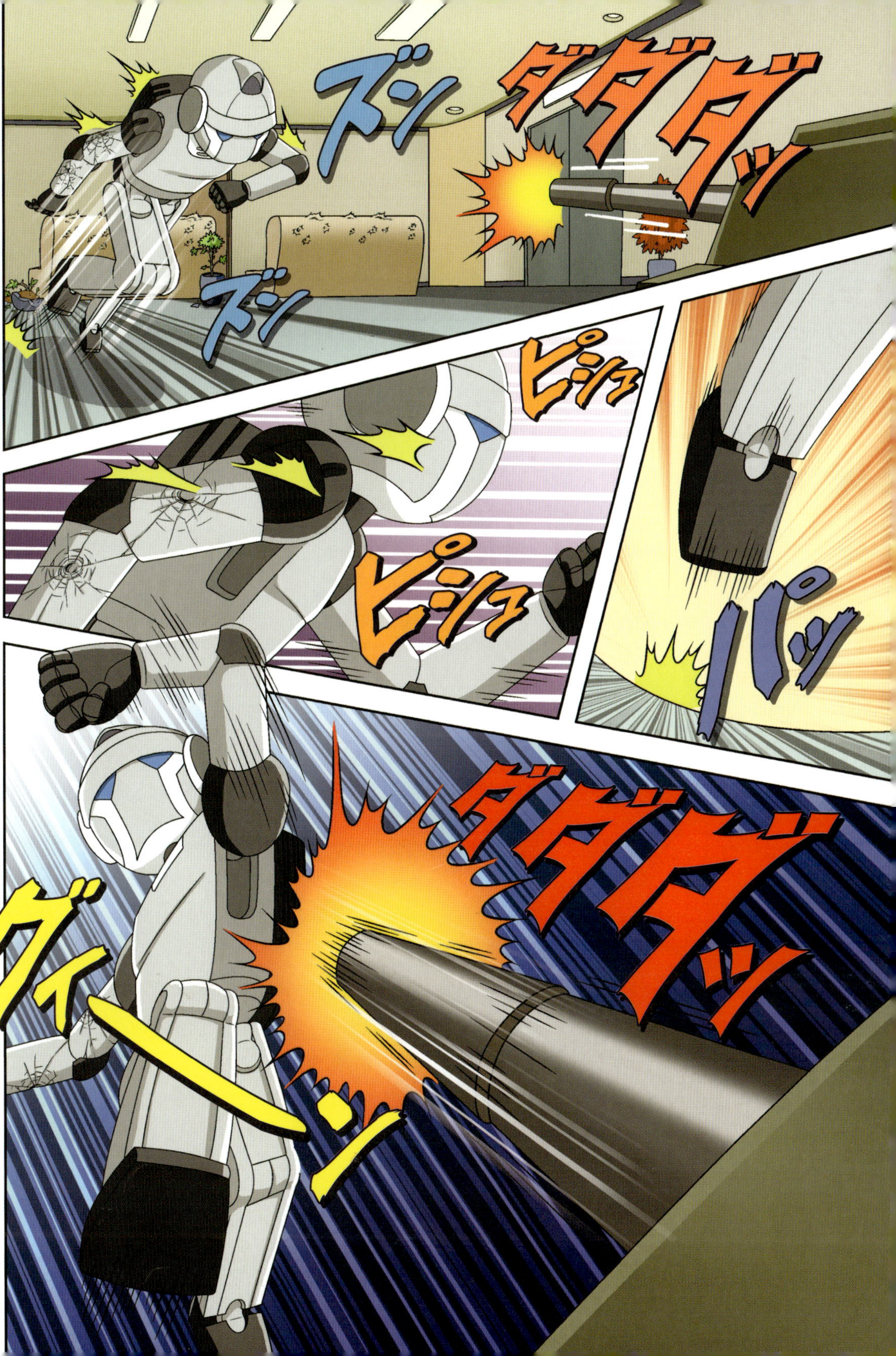
ダダダッ
ズンッ
ズンッ
パッ
ピシュ
ピシュ
ダダダッ
グィーン

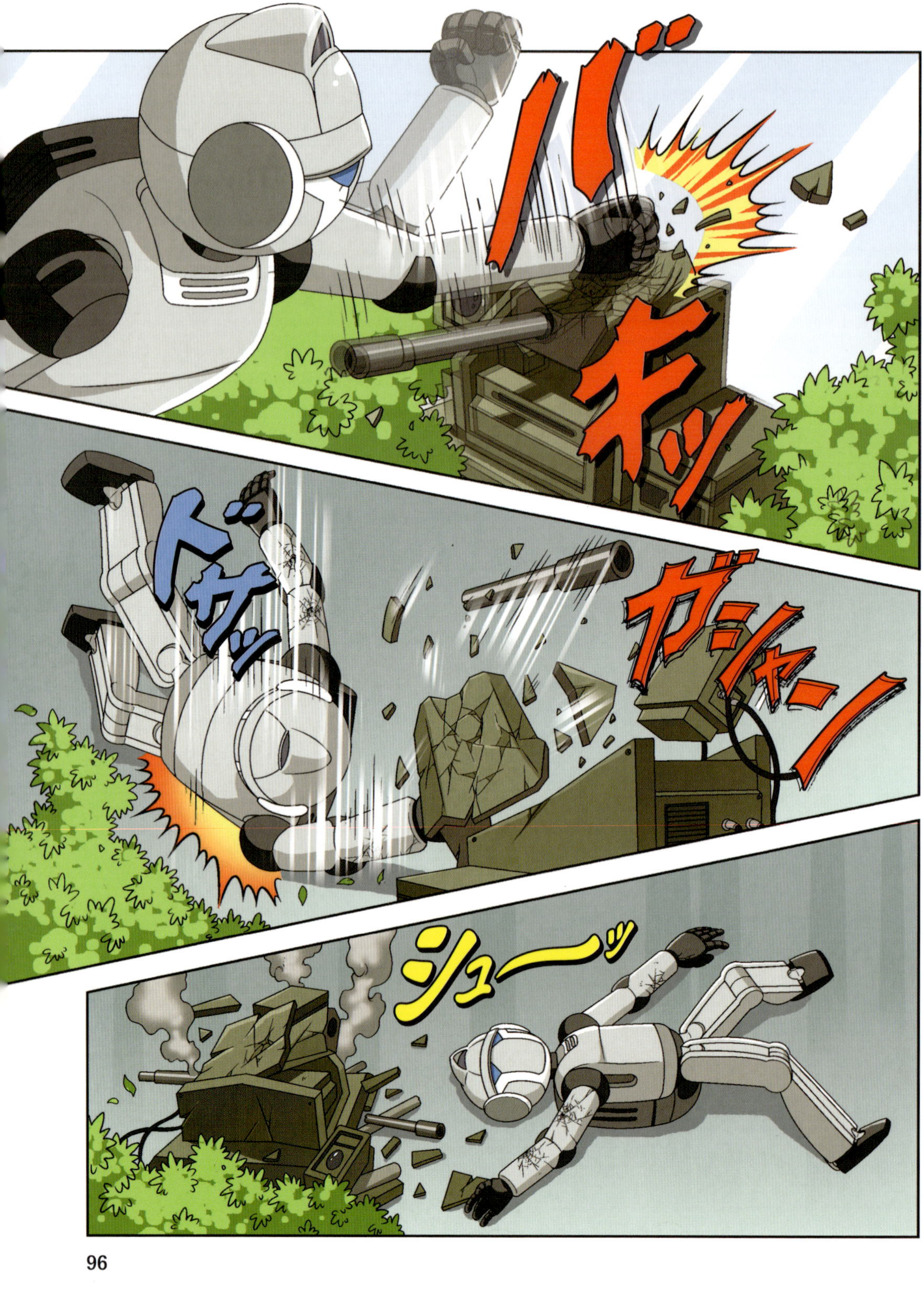
バキッ
ガシャーン
ドガッ
シューッ

シーーン
破壊《はかい》したぞ。
これで出《で》られるわ。
さすが！頭脳《ずのう》はルイに限《かぎ》るわね。
ズル
ズル
ぼ、僕《ぼく》も忘《わす》れるなよ～。

ロボットが動《うご》く秘密《ひみつ》

どうして正確《せいかく》な動作《どうさ》ができるの？

人《ひと》は骨《ほね》と骨《ほね》をつなぐ関節《かんせつ》を使《つか》って、身体《しんたい》を動《うご》かしています。ロボットが人間《にんげん》のように自然《しぜん》な動《うご》きをするには、関節《かんせつ》にあたるサーボモーターが必要《ひつよう》になります。普通《ふつう》のモーターが一定《いってい》の速度《そくど》で回《まわ》るだけのものだとすると、サーボモーターは命令《めいれい》によって位置《いち》と速度《そくど》を制御《せいぎょ》することができるものです。ロボットは関節《かんせつ》の役目《やくめ》をするサーボモーターが多《おお》いほど、滑《なめ》らかな動《うご》きが出来《でき》る上《うえ》、最近《さいきん》ではより自然《しぜん》な動《うご》きができるよう人工《じんこう》筋肉《きんにく》の研究《けんきゅう》も進《すす》められています。

ロボットアーム　ロボットアームはサーボモーターを使《つか》って細《こま》かい角度《かくど》で動《うご》かしたり、正確《せいかく》に物《もの》をつかむことができる。

どうやってバランスを取《と》るの？

ロボットがバランスを失《うしな》わずに体《からだ》を動《うご》かせるよう、ジャイロスコープというセンサーを利用《りよう》する場合《ばあい》があります。ジャイロスコープは、こまとその周囲《しゅうい》を取《と》り囲《かこ》む輪《わ》でできた回転体《かいてんたい》で、こまの原理《げんり》が分《わ》かるとジャイロスコープの原理《げんり》も簡単《かんたん》に理解《りかい》できるでしょう。

ジャイロスコープ

板《いた》の上《うえ》でこまを速《はや》く回《まわ》すとどうなるでしょうか？倒《たお》れずに、真《ま》っすぐ立《た》って回《まわ》ります。板《いた》を傾《かたむ》けても、高速《こうそく》で回転《かいてん》するこまは板《いた》の傾《かたむ》きと関係《かんけい》なく常《つね》に重力《じゅうりょく》方向《ほうこう》に立《た》つので、こまと板《いた》が作《つく》る角度《かくど》を計算《けいさん》すると板《いた》の傾《かたむ》きが分《わ》かります。

ジャイロスコープもこれと同《おな》じ原理《げんり》です。ロボットが傾《かたむ》いても、回転体《かいてんたい》は傾《かたむ》きと関係《かんけい》なく常《つね》に同《おな》じ姿《し》勢《せい》を維持《いじ》しようとします。ロボットはこれを利用《りよう》して自身《じしん》がどれくらい傾《かたむ》いているかが分《わ》かり、本来《ほんらい》の姿勢《しせい》に戻《もど》るようバランスを取《と》るのです。

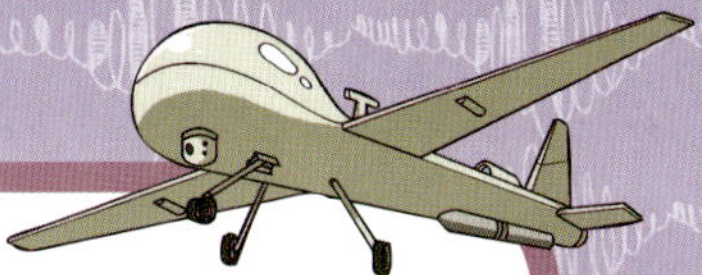

どうやって距離《きょり》を測《はか》るの？

目《め》にあたるセンサーとコンピューターなどの判断《はんだん》機能《きのう》を備《そな》え、自立《じりつ》して歩《ある》き回《まわ》ることが出来《でき》るロボットを移動《いどう》ロボットと言《い》います。移動《いどう》ロボットは周囲《しゅうい》の物《もの》との距離《きょり》を把握《はあく》することで、障害物《しょうがいぶつ》を避《さ》けたり目的地点《もくてきちてん》まで移動《いどう》することが出来《でき》ます。では、ロボットはどうやって距離《きょり》を測《はか》るのでしょうか？

まず、１つは超音波《ちょうおんぱ》センサーを利用《りよう》する方法《ほうほう》があります。超音波《ちょうおんぱ》は、人《ひと》が聞《き》き取《と》ることができない高《たか》い周波数《しゅうはすう》の音波《おんぱ》のことです。ロボットは一定《いってい》の間隔《かんかく》で超音波《ちょうおんぱ》を発射《はっしゃ》させ、超音波《ちょうおんぱ》が物体《ぶったい》に反射《はんしゃ》して戻《もど》ってくる時間《じかん》を測定《そくてい》して物体《ぶったい》との距離《きょり》を導《みちび》き出《だ》します。家庭用《かていよう》のロボット掃除機《そうじき》は主《おも》にこの方法《ほうほう》を使《つか》っています。

２つ目《め》は超音波《ちょうおんぱ》と似《に》た方法《ほうほう》で、光《ひかり》で距離《きょり》を測定《そくてい》する方法《ほうほう》です。これは超音波《ちょうおんぱ》と同《おな》じくLEDライトを物体《ぶったい》に当《あ》て、戻《もど》ってくる光《ひかり》を感知《かんち》して距離《きょり》を求《もと》めます。

また、２台《だい》のカメラの視差《しさ》を利用《りよう》する方法《ほうほう》もあります。例《たと》えば、人間《にんげん》は目《め》が２つあるので、ある物体《ぶったい》を見《み》る時《とき》、右目《みぎめ》と左目《ひだりめ》では少《すこ》し違《ちが》って見《み》えます。これを「視差《しさ》」と言《い》い、この視差《しさ》によって立体感《りったいかん》と距離感《きょりかん》がつかめるのです。目標物《もくひょうぶつ》が遠《とお》くにあれば視差《しさ》が小《ちい》さく、目標物《もくひょうぶつ》が近《ちか》くにあれば視差《しさ》が大《おお》きくなります。このように人間《にんげん》が持《も》つ特性《とくせい》をロボットにも応用《おうよう》し、ロボットに２台《だい》のカメラを搭載《とうさい》して視差《しさ》を計算《けいさん》して距離《きょり》を測《はか》るのです。二足歩行《にそくほこう》ロボットの中《なか》で、目《め》が２つあるロボットは主《おも》にこの方法《ほうほう》を使《つか》っています。

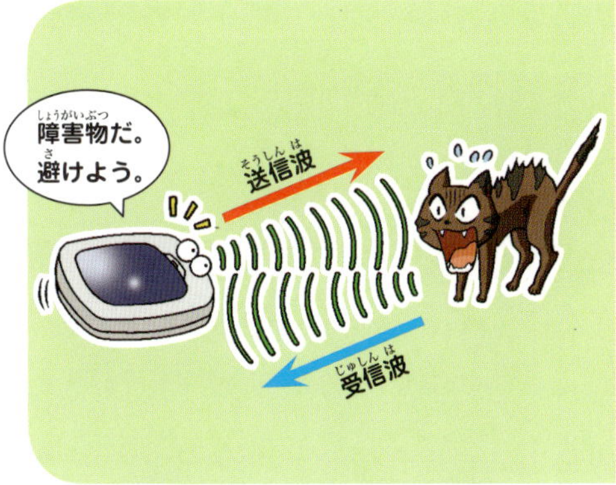
障害物《しょうがいぶつ》だ。
避《さ》けよう。
送信波《そうしんは》
受信波《じゅしんは》

超音波《ちょうおんぱ》センサーを利用《りよう》した距離認識《きょりにんしき》。

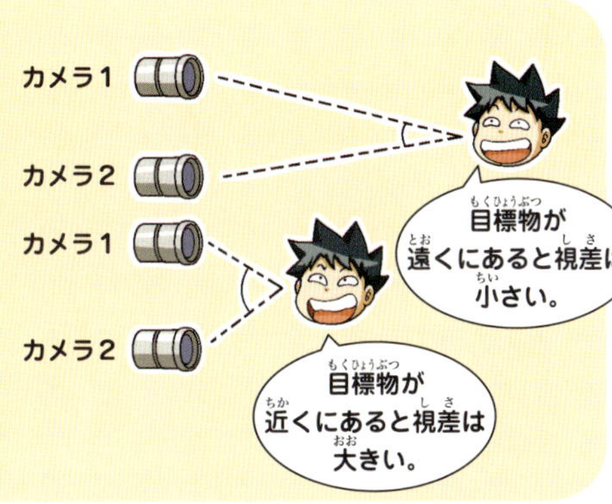
カメラ１
カメラ２
カメラ１
カメラ２
目標物《もくひょうぶつ》が遠《とお》くにあると視差《しさ》は小《ちい》さい。
目標物《もくひょうぶつ》が近《ちか》くにあると視差《しさ》は大《おお》きい。

２台《だい》のカメラの視差《しさ》を利用《りよう》した距離認識《きょりにんしき》。

6章《しょう》

正体《しょうたい》不明《ふめい》の生存者《せいぞんしゃ》

中央統制センター
何《なん》だか
緊張《きんちょう》するわ。
私《わたし》も。
さっきはここで
入《はい》れなかった
から。
いいから、
早《はや》く入《はい》ろう。
3人《にん》で行《い》けよ。僕《ぼく》は
いなくてもいいんだろ。
さっきのことで
すねてるのよ。
プイ

そんなこと言《い》わないで。ここまで来《き》たのも、ジオのおかげよ。
ポリポリ
そこまで言《い》うんなら……。
いいからさっさと入《はい》れ！
ドン
うわっ。
ゴン
バッ
バタッ
クルッ
何《なに》するんだ。イケメンが台《だい》無《な》しじゃないか。

な、何《なん》てこと。ひどいわ……。
ひどい？そんなに。
ガバッ
鼻血《はなぢ》でも出《で》てる？
そうじゃなくて、あれ見《み》て。
え。
何《なん》だこれ。メチャクチャじゃないか。

駄目《だめ》よ。全《まった》く動《うご》かないわ。
一体何《いったいなに》があったんだ?!
そっちはどう？
カタカタ
こっちも同《おな》じだ。
パスワードは分《わ》かるはずないし。博士《はかせ》がいれば……。
カタカタ
カタカタ
ひどいわ。
ドサッ
ここに来《く》れば何《なん》とかなると思《おも》ってたのに。

これもあいつの仕業《しわざ》なのか。
もうお終《しま》いだわ。
ねえ。電話《でんわ》があるわ。
電話《でんわ》。
どこ？
やった。まだ方法《ほうほう》はあるわ。
ガバッ
うん。まず警察《けいさつ》に通報《つうほう》しよう。

駄目《だめ》だわ。外部《がいぶ》との通話《つうわ》は遮断《しゃだん》されてるみたい。
ツーー
ツーー
はあ～。簡単《かんたん》には上手《うま》くいかないわね。
ちぇ、喜《よろこ》んで損《そん》した。
ア～ア。
ハァ～
待《ま》てよ、もしかしたら内線《ないせん》は使《つか》えるかもしれない。
どうかな。
どうするつもりだ。
待《ま》て。まず電話線《でんわせん》を確認《かくにん》して……。

プルルル
あ。呼《よ》び出《だ》し音《おん》だ。
ガチャ
もしもし、もしもし！
ケイ、ケイでしょ？
ジオか、今《いま》どこだ？！
ROBO
中央統制《ちゅうおうとうせい》センターだけど、
だったら博士《はかせ》がいるだろ。すぐ換《か》われ、早《はや》く！
ウッ
ケイ、それが。
状況《じょうきょう》は深刻《しんこく》なんだよ。お前《まえ》と話《はな》してる時間《じかん》はないんだ。早《はや》く換《か》われ！
ケイ、それが……。

ええっ。
博士《はかせ》がいない？
ROBOT
全国ロボット大会
それじゃ、
制御装置《せいぎょそうち》も……。
ブツッ
ハッ
ケイ、どうしたの。
大丈夫《だいじょうぶ》？
すまん。ちょっと
めまいが。
大丈夫《だいじょうぶ》だね。
そっちは
どうなの。

こっちの状況《じょうきょう》はかなり深刻《しんこく》だ。
クル
僕《ぼく》の計算《けいさん》では、長《なが》くても2、3時間《じかん》しか持《も》たない。
2、3時間《じかん》?!
博士《はかせ》を見《み》つけるんだ。今《いま》はそれだけが頼《たよ》りだ。もしも失敗《しっぱい》したら……。
ケイ、心配《しんぱい》しないで。

必《かなら》ず見《み》つけるよ。僕《ぼく》を信《しん》じてるでしょ。
ああ。頼《たの》んだぞ、ジオ。
そうだ。そこに書類棚《しょるいだな》があるだろ？
クルッ
一番上《いちばんうえ》の引《ひ》き出《だ》しを開《あ》けるんだ。
あの一番上《いちばんうえ》の引《ひ》き出《だ》しを開《あ》けて。
うん。
うん？
ガラッ

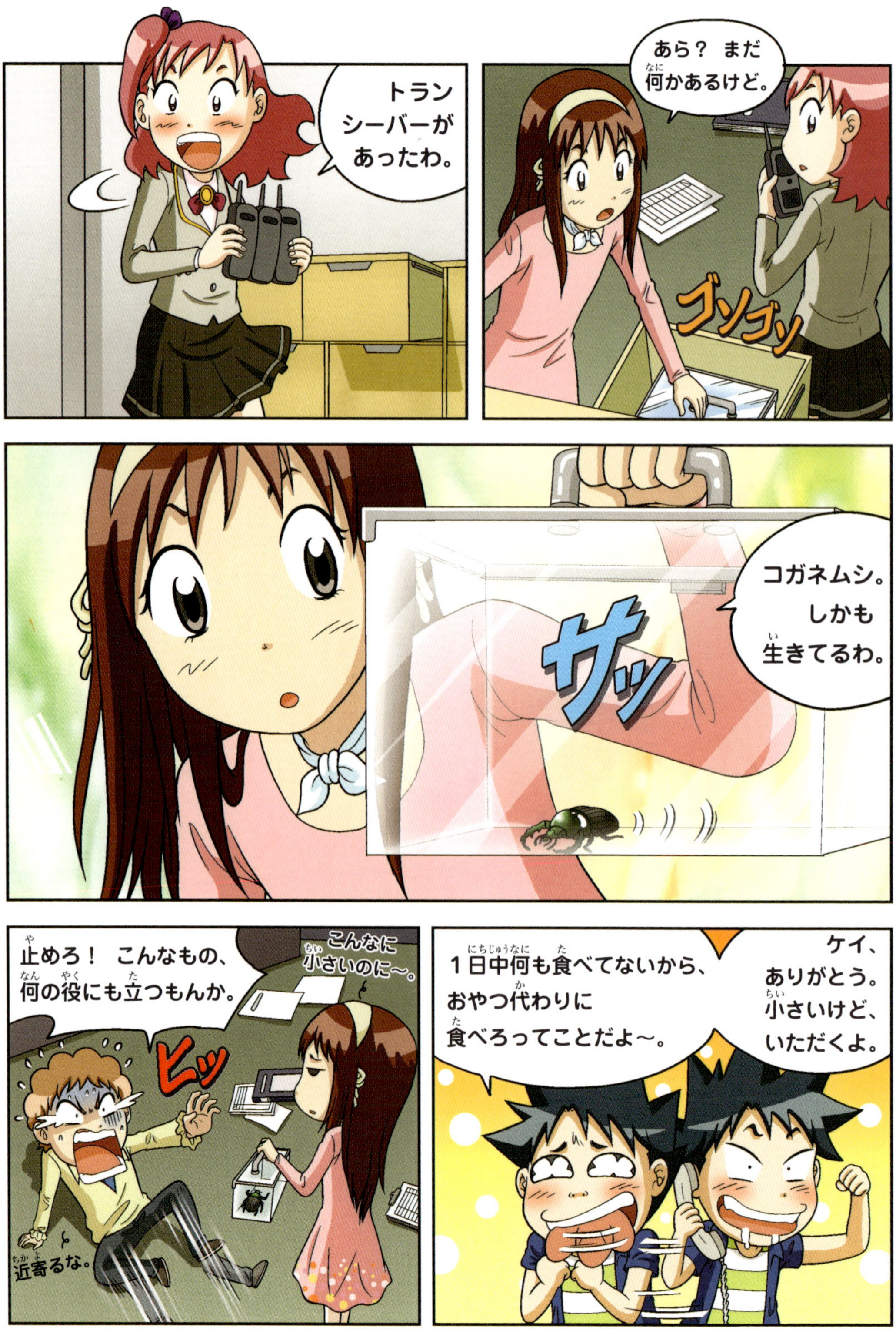
トランシーバーがあったわ。
あら？ まだ何《なに》かあるけど。
ゴソゴソ
コガネムシ。しかも生《い》きてるわ。
ザッ
止《や》めろ！ こんなもの、何《なん》の役《やく》にも立《た》つもんか。
こんなに小《ちい》さいのに〜。
ヒッ
近寄《ちかよ》るな。
ケイ、ありがとう。小《ちい》さいけど、いただくよ。
1日中《にちじゅう》何《なに》も食《た》べてないから、おやつ代《か》わりに食《た》べろってことだよ〜。

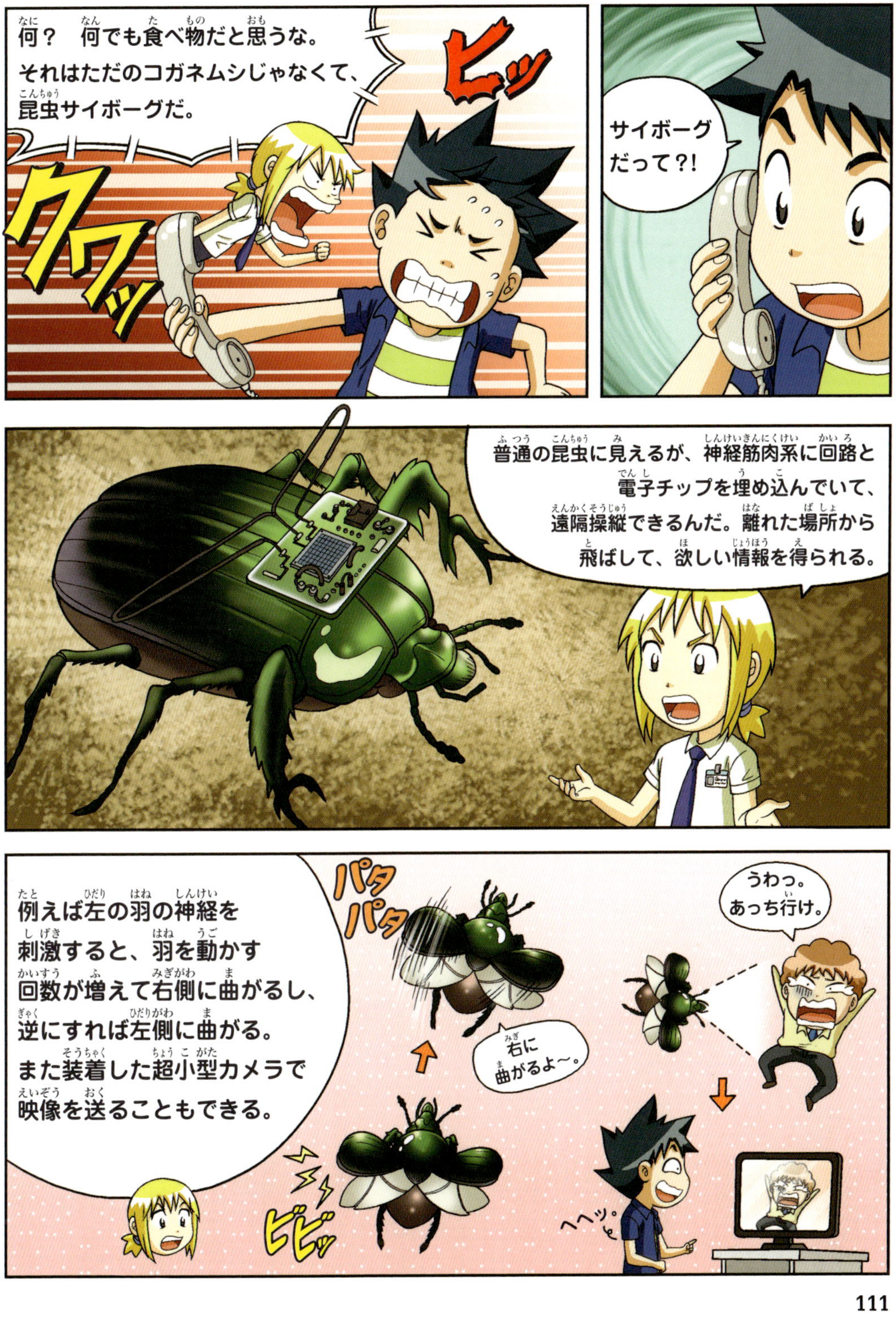
何《なに》？　何《なん》でも食《た》べ物《もの》だと思《おも》うな。
それはただのコガネムシじゃなくて、
昆虫《こんちゅう》サイボーグだ。
ヒッ
クワッ
サイボーグだって?!
普通《ふつう》の昆虫《こんちゅう》に見《み》えるが、神経筋肉系《しんけいきんにくけい》に回路《かいろ》と電子《でんし》チップを埋《う》め込《こ》んでいて、遠隔操縦《えんかくそうじゅう》できるんだ。離《はな》れた場所《ばしょ》から飛《と》ばして、欲《ほ》しい情報《じょうほう》を得《え》られる。
例《たと》えば左《ひだり》の羽《はね》の神経《しんけい》を刺激《しげき》すると、羽《はね》を動《うご》かす回数《かいすう》が増《ふ》えて右側《みぎがわ》に曲《ま》がるし、逆《ぎゃく》にすれば左側《ひだりがわ》に曲《ま》がる。また装着《そうちゃく》した超《ちょう》小《こ》型《がた》カメラで映像《えいぞう》を送《おく》ることもできる。
パタパタ
右《みぎ》に曲《ま》がるよ～。
ビビッ
うわっ。あっち行《い》け。
へへッ。

ゴソゴソ
何《なに》よりも、体内《たいない》の糖分《とうぶん》をエネルギーにするから、バッテリーの心配《しんぱい》がいらないんだ。
食《た》べるつもりだったの。
無知《むち》にも程《ほど》があるぞ。
過酷《かこく》なサバイバルを経験《けいけん》するとつい……。
ケイ。とにかく、これで博士《はかせ》を探《さが》してみるよ。
見《み》つけ次第連絡《しだいれんらく》するから、もう少《すこ》しだけ……。
ブツッ
え。
ツーツー
ケイ、ケイってば!!

どうしたの？
切《き》れちゃった。
多分《たぶん》、大丈夫《だいじょうぶ》よ。
ああ、電話線《でんわせん》の問題《もんだい》だろう。
それより、時間《じかん》がないぞ。2、3時間《じかん》だったな。
これでこの建物《たてもの》を隈《くま》なく探《さが》さないと。
どうやって。初《はじ》めて見《み》たんでしょ。
そんなの、マリがやればいいだろ。
え、私《わたし》が？

飛行《ひこう》ロボット大会《たいかい》で優勝《ゆうしょう》したんだろ。この中《なか》で、一番適任《いちばんてきにん》じゃないか。
マリの腕《うで》に、競技場《きょうぎじょう》の人《ひと》たちの命《いのち》が掛《か》かっている。
うん、でも昆虫《こんちゅう》サイボーグは初《はじ》めてなのよ。
操縦方法《そうじゅうほうほう》は同《おな》じだから、心配《しんぱい》しないでいい。
じゃ、飛《と》ばすぞ。
パタパタ

ブーン
ブーン
ROBOT
30分《ぷん》も経《た》つのに何《なに》も出《で》て来《こ》ないぞ。
大体《だいたい》の場所《ばしょ》は探《さが》したけど誰《だれ》もいないわ。一体《いったい》どこにいるのかしら？
パタパタ
残《のこ》るは地下《ちか》だけね。

あ、あれ何《なに》？
バーン
人《ひと》よ！誰《だれ》かいたわ。
どこだ？競《きょう》技《ぎ》場《じょう》以《い》外《がい》に人《ひと》がいるって。
見《み》て。間《ま》違《ちが》いないわ。

お、
走《はし》り出《だ》したぞ。
どうしてだ？
タタッ
パタパタ
ダダッ
逃《に》がすな！
早《はや》く追《お》うんだ。

マイクロロボットとナノロボット

治療《ちりょう》して体内《たいない》を探査《たんさ》するマイクロロボット

マイクロロボットとは、小《ちい》さなものでは数《すう》ミリ程度《ていど》の非常《ひじょう》に小《ちい》さなロボットのことです。1988年《ねん》にアメリカのリチャード・ミュラー教授《きょうじゅ》が、直径《ちょっけい》わずか120マイクロメートル（μm）*の超小型《ちょうこがた》モーターを作《つく》るのに成功《せいこう》して以来《いらい》、マイクロロボットの開発《かいはつ》は続《つづ》いており、商品化《しょうひんか》も近《ちか》いと言《い》われています。この技術《ぎじゅつ》は特《とく》に精密《せいみつ》さが重要《じゅうよう》ですが、開発《かいはつ》に成功《せいこう》すれば大《おお》きな成果《せいか》を上《あ》げると期待《きたい》されています。

マイクロロボットの実用化《じつようか》を一番期待《いちばんきたい》しているのは医療分野《いりょうぶんや》で、ロボットが人体《じんたい》に入《はい》って体《からだ》の内部《ないぶ》を調《しら》べたり治療《ちりょう》したり出来《でき》るようになることが望《のぞ》まれています。医療《いりょう》用《よう》マイクロロボットの代表《だいひょう》であるカプセル内視鏡《ないしきょう》は、カプセル型《がた》の内視鏡《ないしきょう》ロボットを飲《の》み込《こ》むと、体内《たいない》を移動《いどう》しながら食道《しょくどう》から肛門《こうもん》まで全《すべ》ての消化器官《しょうかきかん》の内部《ないぶ》を映像《えいぞう》として送《おく》ってくれます。他《ほか》にも血管《けっかん》を治療《ちりょう》するマイクロロボットもあります。2010年《ねん》、韓国《かんこく》の科学者《かがくしゃ》らがロボットを生《い》きた動物《どうぶつ》の血管《けっかん》に注入《ちゅうにゅう》し、移動《いどう》させて詰《つ》まった血管《けっかん》を通《とお》す実験《じっけん》に世界《せかい》で初《はじ》めて成功《せいこう》しました。それまでは手術《しゅじゅつ》をするには体《からだ》の一部《いちぶ》を切《き》らなければなりませんでしたが、マイクロロボットを使《つか》うと切《き》る部分《ぶぶん》が最小限《さいしょうげん》ですみ、安《あん》全《ぜん》に手術《しゅじゅつ》できるので、今後《こんご》が注目《ちゅうもく》されています。

また、マイクロロボットは環境《かんきょう》や軍事分野《ぐんじぶんや》でも活躍《かつやく》すると言《い》われています。すでに水中《すいちゅう》マイクロロボットを使《つか》って水道管《すいどうかん》や水源《すいげん》の環境変化《かんきょうへんか》を調《しら》べたり、昆虫《こんちゅう》ほどの大《おお》きさの飛行《ひこう》マイクロロボットで戦場地帯《せんじょうちたい》などの危険《きけん》な場所《ばしょ》を調査《ちょうさ》する技術《ぎじゅつ》が開発中《かいはつちゅう》です。

＊0.12mm。1μmは100万分《まんぶん》の1m。

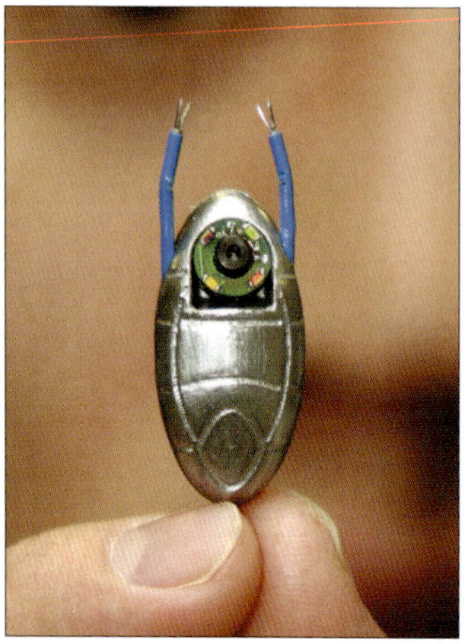

©gettyimages

医療用《いりょうよう》マイクロロボット　日本《にほん》で開発《かいはつ》されたこのロボットを体内《たいない》に挿《そう》入《にゅう》して、リモートコントロールで体内《たいない》の画像《がぞう》を撮《と》ったり、患部《かんぶ》を切《き》り取《と》ったりすることができる。

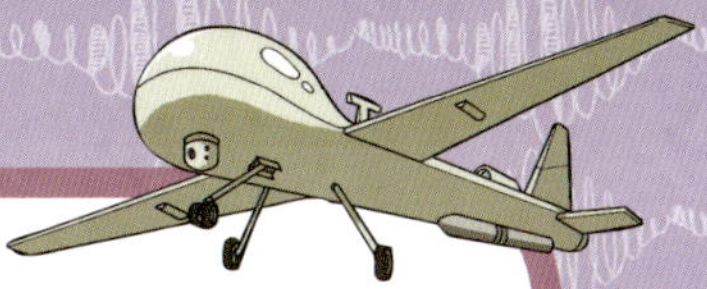

肉眼《にくがん》では見《み》えない世界《せかい》、ナノロボット

　ナノはギリシャ語《ご》で「小人《こびと》」を意味《いみ》するnanosという言葉《ことば》が語源《ごげん》で、ナノメートル（nm）は10億分《おくぶん》の１ｍを表《あらわ》す単位《たんい》です。このナノテクノロジーの概念《がいねん》は、ノーベル物理学賞《ぶつりがくしょう》を受賞《じゅしょう》したリチャード・ファインマン博士《はかせ》によって初《はじ》めて発表《はっぴょう》されました。1959年《ねん》にアメリカで開《ひら》かれた物理学《ぶつりがく》の学《がっ》会《かい》で、原子《げんし》の制御《せいぎょ》と操作《そうさ》に関《かん》する発表《はっぴょう》の中《なか》で、将《しょう》来百科事典全巻《らいひゃっかじてんぜんかん》の内容《ないよう》を針《はり》の先《さき》ほどの部分《ぶぶん》に収《おさ》められる時代《じだい》が来《く》ると話《はな》したのです。

　その後《ご》1981年《ねん》に初《はつ》の原子顕微鏡《げんしけんびきょう》、走査型《そうさがた》トンネル顕微鏡《けんびきょう》が開発《かいはつ》され、ついにナノ単位《たんい》の原子《げんし》を操《あやつ》る時代《じだい》が始《はじ》まりました。このナノテクノロジーをロボットに応用《おうよう》したのが、ナノロボットです。分子《ぶんし》サイズのナノロボットが体内《たいない》に入《はい》ると、一体《いったい》どのようなことが起《お》こるのでしょうか？　ナノ医学《いがく》の先駆者《せんくしゃ》として有名《ゆうめい》なロバート・フレイタスは、人間《にんげん》の赤血球《せっけっきゅう》の働《はたら》きをするナノロボットを、短距離走《たんきょりそう》の選手《せんしゅ》の体内《たいない》に入《い》れると10分間息《ぶんかんいき》をしないで走《はし》ることが可能《かのう》になると主張《しゅちょう》しています。このロボットが血液《けつえき》と同《おな》じように、体全体《からだぜんたい》に酸素《さんそ》を運《はこ》ぶというのです。また、ウィルスやバクテリアほど小《ちい》さいロボットなら、血液《けつえき》と共《とも》に流《なが》れながらウィルスやバクテリアを撃退《げきたい》したり、傷《きず》ついた細胞《さいぼう》を健康《けんこう》な状態《じょうたい》にすることも可能《かのう》になります。しかし、肉眼《にくがん》では見《み》えないほど小《ちい》さいロボットを開発《かいはつ》するのはとても難《むずか》しい上《うえ》に、体《からだ》がナノロボットを異物《いぶつ》だと認《にん》識《しき》してしまうと、副作用《ふくさよう》を起《お》こすかもしれないという危険《きけん》もあります。

ナノメートルってどれくらいなの？

地球《ちきゅう》

硬貨《こうか》

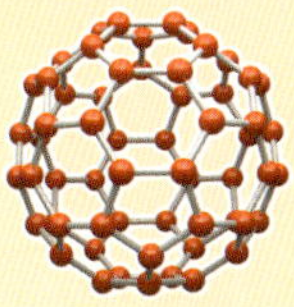
ナノ構造《こうぞう》

地球《ちきゅう》の直径《ちょっけい》を１メートルとすると、１円玉硬貨《えんだまこうか》の大《おお》きさが1ナノメートル（nm）です。

7章《しょう》
ロ博士《はかせ》を探《さが》せ！

このままじゃ逃《に》げられる。スピードを上《あ》げろ！
駐車場《ちゅうしゃじょう》
ダダダッ
あっ。地下《ちか》に駐車場《ちゅうしゃじょう》があるわ。
パタパタ
バン

キィー
避《よ》けろ！
閉《し》まっちゃう。
バタン
ヒューッ
パタパタ

ああ、良《よ》かった。もう少《すこ》しでぶつかるところだった。
だからスピードを上《あ》げろって言《い》ったろ。
最高速度《さいこうそくど》があれしか出《で》ないのに、私《わたし》にどうしろって言《い》うのよ。
ジオだったらドアにぶつけて粉々《こなごな》にしてたわ。
クワッ
何《なん》だと。
けんかは止《や》めて。仕方《しかた》なかったのよ。
ふん。
ちぇっ。
それより、あの子《こ》は何故《なぜ》あそこにいたのかしら？

僕《ぼく》らみたいに遅刻《ちこく》して来《き》た参加者《さんかしゃ》かな。
ケイが参加者《さんかしゃ》はそろってるって言《い》ってたわ。遅刻《ちこく》したのは私《わたし》たちだけよ。
数《かぞ》え間違《まちが》えたのかしら。
ケイは数字《すうじ》に弱《よわ》いからな……。
あ。どこか建物《たてもの》の出入《でい》り口《ぐち》が開《ひら》いていて、外《そと》から入《はい》り込《こ》んだのかも。
出入《でい》り口《ぐち》？
可能性《かのうせい》はある。駐車場《ちゅうしゃじょう》なら外部《がいぶ》につながってるからな。
コクッ
じゃあ、外《そと》に出《で》る方法《ほうほう》がない訳《わけ》じゃないのね。

じゃあ、すぐに
確認《かくにん》しに行《い》くぞ。
クルッ
待《ま》て。
何《なに》？
行《い》ってまた襲《おそ》われたら
どうする。それに、
出入《でい》り口《ぐち》は閉《し》まっている
確率《かくりつ》が高《たか》いぞ。
だからって何《なに》もしない
わけにはいかないだろ。
それも
そうね。
あ。
ならこれは
どう？

タタッ
聞《き》こえてる？
ああ、よく聞《き》こえる。
僕《ぼく》が言《い》ったことを忘《わす》れるなよ。地下《ちか》の出入《でい》り口《ぐち》を確認《かくにん》したら、すぐに戻《もど》ってくるんだ。
途中《とちゅう》で状況《じょうきょう》の報告《ほうこく》もするんだぞ。
分《わ》かってるよ。サバイバルならお前《まえ》より先輩《せんぱい》だ。
忙《いそが》しいから切《き》るぞ。

怖《こわ》いもの知《し》らずなのか、何《なに》も考《かん》えないのか。
多分《たぶん》、両方《りょうほう》よ。
カチッ
本当《ほんとう》に大丈夫《だいじょうぶ》かな。二手《ふたて》に分《わ》かれちゃって。
仕方《しかた》ないだろ。4人《にん》で動《うご》くより危険《きけん》も少《すく》ないし、時間《じかん》も節約《せつやく》できる。
何《なに》するか分《わ》からない奴《やつ》だけど、ハナが一緒《いっしょ》だから無茶《むちゃ》はしないだろ。
確《たし》かに、ハナの言《い》うことはよく聞《き》くからね。
私《わたし》の言《い》うことは聞《き》かないけど。
僕《ぼく》たちも他《ほか》の区域《くいき》の捜索《そうさく》を続《つづ》けるぞ。
まだ見《み》てない場所《ばしょ》があるだろう。
うん。

あら？　ここは
どこかしら。
うん。
パタパタ
ボイラー室《しつ》か。
パタパタ
奥《おく》に部屋《へや》があるわ。
ドアも開《あ》いているわね。
入《はい》ってみよう。

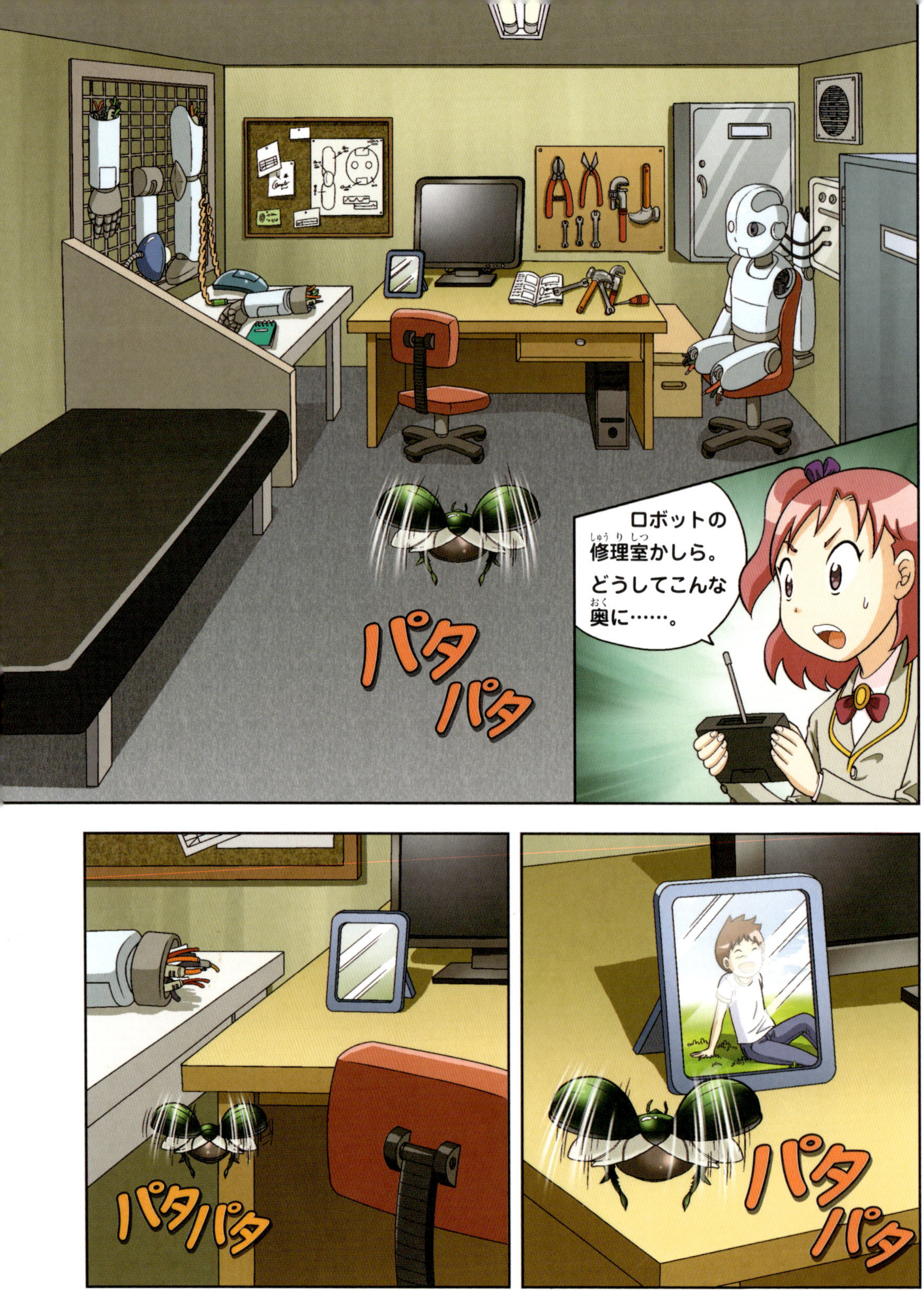
ロボットの修理室《しゅうりしつ》かしら。どうしてこんな奥《おく》に……。
パタパタ
パタパタ
パタパタ

この子《こ》、誰《だれ》だろう？
さっきの子《こ》と似《に》てるかも。
そうか。他《ほか》も見《み》てみよう。

うん？
ロッカーを映《うつ》して。
今《いま》、動《うご》いた気《き》がする。
まさか。
どうやったら
このロッカーが
動《うご》くのよ。
ゴン
やっぱり！
ええ、
本当《ほんとう》?!

中《なか》に何《なに》かあるに
違《ちが》いない。
行《い》って
確認《かくにん》しよう。
クルッ
私《わたし》も
行《い》くわ。
偵察《ていさつ》は
どうするんだ。
マリはここに
残《のこ》ってろ。
ううん、一緒《いっしょ》に行《い》くわ。
あそこまでは
安全《あんぜん》だったじゃない。
タタッ
タタタッ

さっきの子《こ》は
ここに入《はい》ったよね？
うん。
入《はい》って
みよう。
うん。
コク
開《ひら》くぞ。
ガチャッ
キィーッ

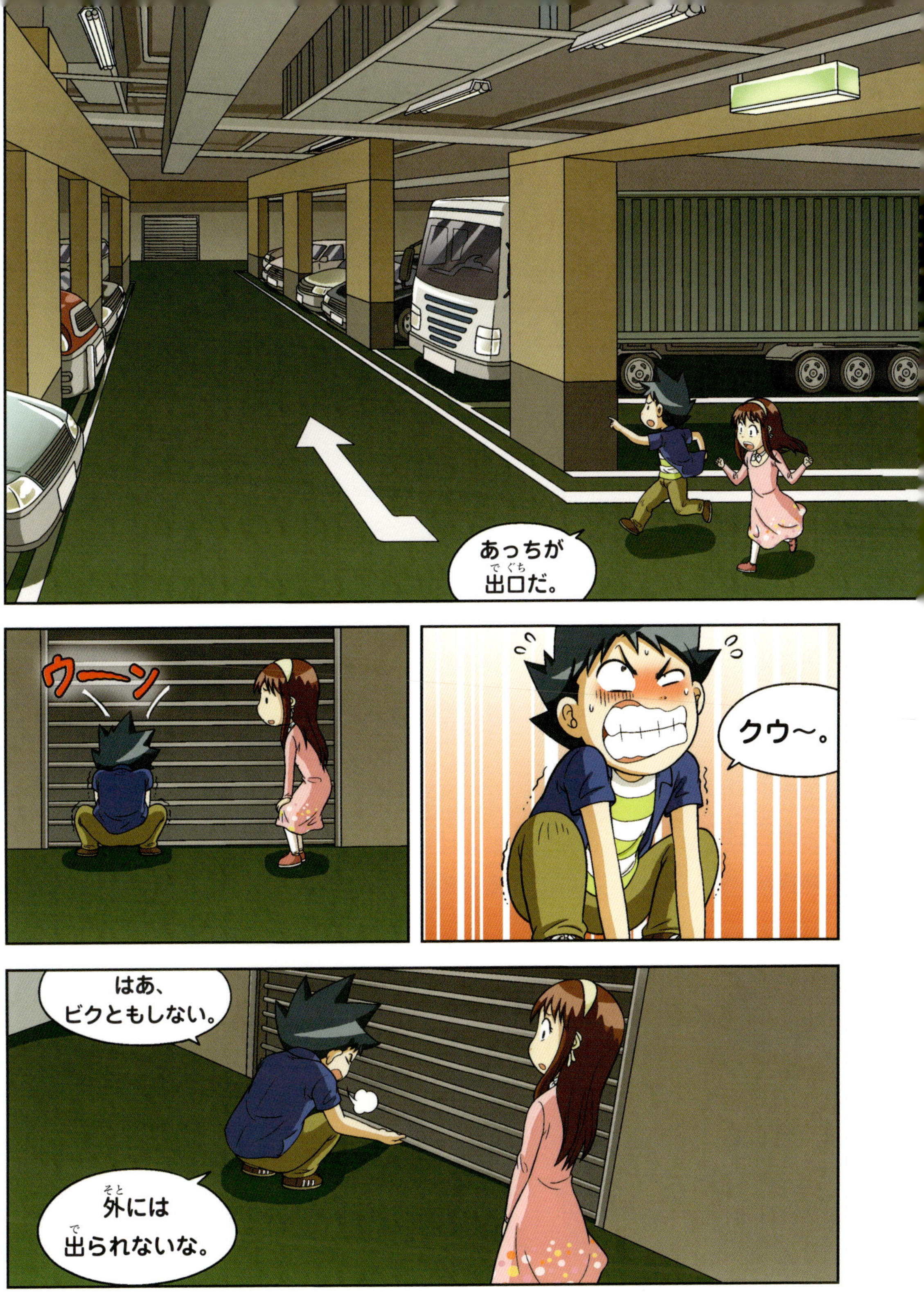
あっちが
出《で》口《ぐち》だ。
ウーン
クウ～。
はあ、
ビクともしない。
外《そと》には
出《で》られないな。

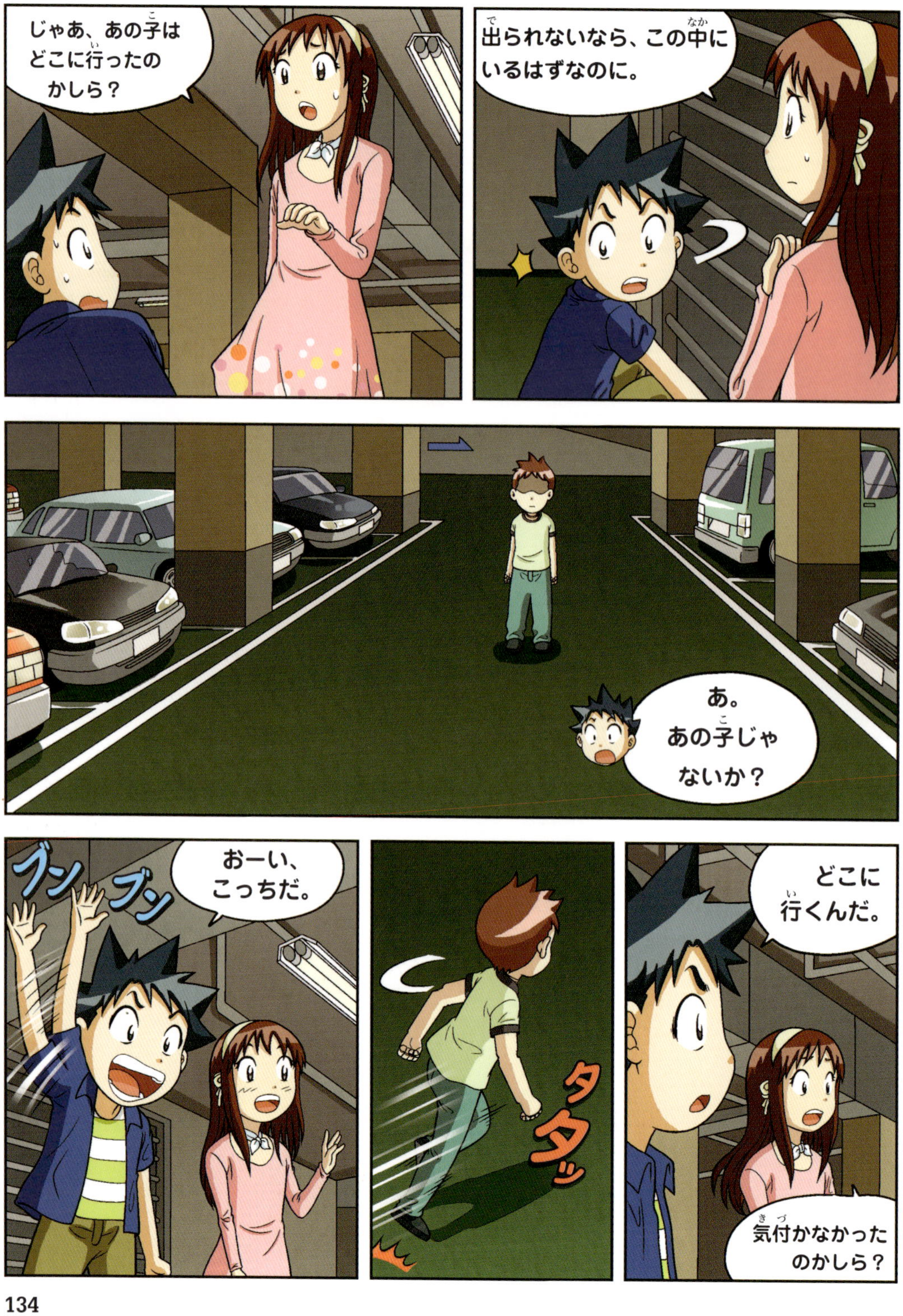
じゃあ、あの子《こ》はどこに行《い》ったのかしら？
出《で》られないなら、この中《なか》にいるはずなのに。
あ。あの子《こ》じゃないか？
ブンブン
おーい、こっちだ。
タタッ
どこに行《い》くんだ。
気付《きづ》かなかったのかしら？

バタン
タタッ
ガチャッ
あら、鍵《かぎ》が掛《か》かったのかしら。
まさか……。
ガチャガチャ
う。本当《ほんとう》だ。
何《なに》するんだよ！早《はや》くドアを開《あ》けろ。
ドンドン
ちょっと。いたずらは止《や》めて！
トン
ハッ

どうしたの。
何《なに》か音《おと》がしなかった？
私《わたし》たち以外《いがい》にも誰《だれ》かいるみたい。
バン

ハアハア
ガタ
ガタ
鍵《かぎ》が。
クッ!
グッ
ビクとも
しないな。
クルッ
!
パッ
バッ
下《さ》がってろ。
バキッ

ドサッ
バタン
博士《はかせ》！
博士《はかせ》、大丈夫《だいじょうぶ》なの？
私《わたし》のこと分《わ》かる。
ピリッ
何《なに》があったんですか？
ああ、マリだったかな。
ここにはどうやって？

いつからここに？一体誰《いったいだれ》がこんなことを。
あの子《こ》が……。
中央統制《ちゅうおうとうせい》センターを襲《おそ》ったんだ。あの子《こ》を止《と》めないと。
あの子《こ》って？競技場《きょうぎじょう》の外《そと》にいた男《おとこ》の子《こ》のこと。
あの子《こ》を見《み》たのか。
今《いま》、ジオとハナがその子《こ》を探《さが》しに駐車場《ちゅうしゃじょう》に行《い》ったわ。
いかん！あの子《こ》は人間《にんげん》じゃない。
え。
人間《にんげん》じゃないって？

搭乗型《とうじょうがた》ロボットの世界《せかい》

アニメ「ガンダム」のモビルスーツから映画《えいが》「エイリアン」のパワーローダーまで、昔《むかし》から漫画《まんが》や映画《えいが》には人《ひと》が乗《の》って操縦《そうじゅう》する搭乗型《とうじょうがた》ロボットが数多《かずおお》く登場《じょうじょう》してきました。搭乗型《とうじょうがた》ロボットは、操縦士《そうじゅうし》がロボットの視点《してん》で操縦《そうじゅう》するので、ロボットと一体感《いったいかん》を感《かん》じることができ、同時《どうじ》に操縦士《そうじゅうし》が大《おお》きな力《ちから》を出《だ》せるように動《うご》くので、１度《ど》は乗《の》ってみたいという人《ひと》も多《おお》いのではないでしょうか。実際《じっさい》に、二足歩行《にそくほこう》ロボット、四足歩行《よんそくほこう》ロボット、多足型《たそくがた》ロボット、自動車型《じどうしゃがた》ロボットなど、様々《さまざま》な搭乗型《とうじょうがた》ロボットが開発《かいはつ》されています。

二足歩行型《にそくほこうがた》の搭乗型《とうじょうがた》ロボット

二足歩行型《にそくほこうがた》の搭乗型《とうじょうがた》ロボットとして、有名《ゆうめい》なのが2005年《ねん》の愛知万博《あいちばんぱく》でも紹介《しょうかい》されたi-footです。このロボットは一人乗《ひとりの》りで時速《じそく》1.35kmの速《はや》さで歩《ある》いたり、階段《かいだん》の昇《のぼ》り降《お》りも可能《かのう》で、未来《みらい》の移動手段《いどうしゅだん》として注目《ちゅうもく》されています。

この他《ほか》にも映画《えいが》「スターウォーズ」に出《で》てくるロボットAT-STによく似《に》たLAND WALKERや、韓国《かんこく》の科学技術研究院《かがくぎじゅつけんきゅういん》で開発《かいはつ》したHUBO-FX1などがあります。

HUBO-FX1

HUBO-FX1は、人《ひと》が乗《の》り降《お》りする際《さい》にはひざ部分《ぶぶん》を折《お》って姿勢《しせい》を低《ひく》くする機能《きのう》が搭載《とうさい》されています。

これらの二足歩行型《にそくほこうがた》の搭乗型《とうじょうがた》ロボットは、漫画《まんが》や映画《えいが》に登場《とうじょう》する搭乗型《とうじょうがた》ロボットと外見《がいけん》はよく似《に》ていますが、歩行《ほこう》がスムーズでないため高速《こうそく》での移動《いどう》はできません。

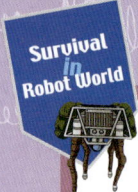

多足型《たそくがた》の搭乗型《とうじょうがた》ロボット

多足型《たそくがた》の搭乗型《とうじょうがた》ロボットは、二足歩行型《にそくほこうがた》の搭乗型《とうじょうがた》ロボットに比《くら》べ安定《あんてい》していて、より速《はや》く移動《いどう》できます。この種《しゅ》のロボットには韓国《かんこく》のベンチャー企業《きぎょう》が作《つく》った6本足《ほんあし》ロボットのZemosや4本足《ほんあし》ロボットのKONANなどがあります。KONANは音声《おんせい》による命令《めいれい》とジョイスティックで進行方向《しんこうほうこう》を指示《しじ》して操縦《そうじゅう》することができます。これらはテーマパークの乗《の》り物《もの》やイベント用《よう》として開発《かいはつ》されました。

ⓒ로보쓰리

KONAN

その他《ほか》の搭乗型《とうじょうがた》ロボット

無限軌道型《むげんきどうがた》ロボットは、履板《りはん》をつなげてタイヤの周《まわ》りにベルトのように巻《ま》いて走行《そうこう》するロボットです。無限軌道型《むげんきどうがた》の搭乗型《とうじょうがた》ロボットとしては、日本《にほん》のレスキューロボットT-52援竜《えんりゅう》が有名《ゆうめい》です。パワーショベルによく似《に》たこのロボットは高《たか》さ3.45m、重《おも》さ5tの大型《おおがた》ロボットで、人《ひと》が2本《ほん》のロボットアームを操縦《そうじゅう》したり、遠隔操作《えんかくそうさ》で主《おも》に災害《さいがい》の現場《げんば》で仕事《しごと》をします。現在《げんざい》は改良《かいりょう》したT-53援竜《えんりゅう》も出《で》ており、今後《こんご》も災害時《さいがいじ》での活躍《かつやく》が期待《きたい》されています。

ⓒChris73

i-unit

この他《ほか》にもトヨタ自動車《じどうしゃ》が開発《かいはつ》したi-unitは、クルマに「乗《の》る」のではなく、「着《き》る」という感覚《かんかく》で設計《せっけい》されたロボットです。i-unit同士《どうし》が電波《でんぱ》を飛《と》ばし合《あ》い、交差点《こうさてん》などで衝突《しょうとつ》を避《さ》ける機能《きのう》もあります。搭乗型《とうじょうがた》ロボットはまだそれほど活用《かつよう》されてはいませんが、今後《こんご》は様々《さまざま》な形《かたち》に進化《しんか》し、発展《はってん》すると考《かんが》えられています。

8章《しょう》
犬《いぬ》のような謎《なぞ》のロボット

一体《いったい》どういうことですか？ 人間《にんげん》じゃないって。
何《なに》から話《はな》せばいいか……。私《わたし》は３年前《ねんまえ》に交通事故《こうつうじこ》で孫《まご》を失《うしな》ったんだ。
ケイから聞《き》いたわ。ソウタくんでしょ。
どうしてもソウタに会《あ》いたくて、私《わたし》はそっくりなアンドロイドを作《つく》り始《はじ》めた。それが、君《きみ》らが見《み》た子《こ》だ。
え。まさか、あの子《こ》がアンドロイドですって？

ああ。もちろん今《いま》の技術《ぎじゅつ》で人間《にんげん》のように動《うご》いたり考《かんが》えたりできるロボットを作《つく》るのは不可能《ふかのう》だ。しかし、私《わたし》は孫《まご》に会《あ》いたい一心《いっしん》でアンドロイドを完成《かんせい》させたんだ。
本当《ほんとう》に。
だが、私《わたし》はすぐに気付《きづ》いた。あの子《こ》は決《けっ》してソウタにはなれない。だから、悩《なや》んだ末《すえ》にアンドロイドを解体《かいたい》することにした。
ガン
止《や》めろ。
しかし、それに気付《きづ》いたあの子《こ》が中央統制《ちゅうおうとうせい》センターを襲《おそ》い、競技場《きょうぎじょう》を閉鎖《へいさ》してパスワードを変《か》えてしまったんだ。
!!
ジジッ
ルイ！こっちに来《き》てドアを開《あ》けてくれ。

2人《り》に何《なに》かあったのかしら。
ジオ、どうした？
駐車場《ちゅうしゃじょう》には着《つ》いたのか。答《こた》えろ！
それが……。
4本足《ほんあし》のロボットに追《お》われてる。入口《いりぐち》に鍵《かぎ》が掛《か》けられて出《で》られないんだ。
早《はや》く来《き》てくれ！
ガシャン
ガシャン

どういうことだ。
4本足《ほんあし》のロボット？
多分《たぶん》、軍事用《ぐんじよう》の輸送《ゆそう》ロボットだ。アンドロイドの「ソウタ」が起動《きどう》させたんだろう。
ジオだけでは手《て》に負《お》えんかも知《し》れん。
ガタッ
分《わ》かった。すぐ行《い》くから待《ま》ってろ！
行《い》くぞ！駐車場《ちゅうしゃじょう》だ。
ダダダッ

軍事用《ぐんじよう》の輸送《ゆそう》ロボットって人《ひと》の代《か》わりに
武器《ぶき》や配給物《はいきゅうぶつ》を運《はこ》んだり、偵察《ていさつ》もする
ロボットでしょ。
ああ。僕《ぼく》も
そう聞《き》いた。
代表的《だいひょうてき》な輸送《ゆそう》ロボットのビッグドッグは
154kgの荷物《にもつ》を載《の》せて平均時速《へいきんじそく》5.3kmで
走《はし》れるし、35°の傾斜《けいしゃ》や凍《こお》った道《みち》、
砂利道《じゃりみち》も平気《へいき》で歩《ある》けるらしい。
フラ
フラ
運送《うんそう》ロボットなら、危険《きけん》は
ないんじゃないの。ジオが
大《おお》げさに言《い》ってるのかも。
そうとは限《かぎ》らない。
軍事用《ぐんじよう》ロボットだから、武器《ぶき》を
装着《そうちゃく》する場合《ばあい》もある。
「ソウタ」が
新《あら》たにプログラムを
入力《にゅうりょく》したら、どんな
危険《きけん》があるか
分《わ》からん。
ダダダッ

ここなら
平気《へいき》かしら。
あの体《からだ》じゃ、
ここには
入《はい》れないだろ？
とりあえず、
ルイたちが来《く》るまで
耐《た》えられれば。
スッ
ジ、ジオ、
あれ。

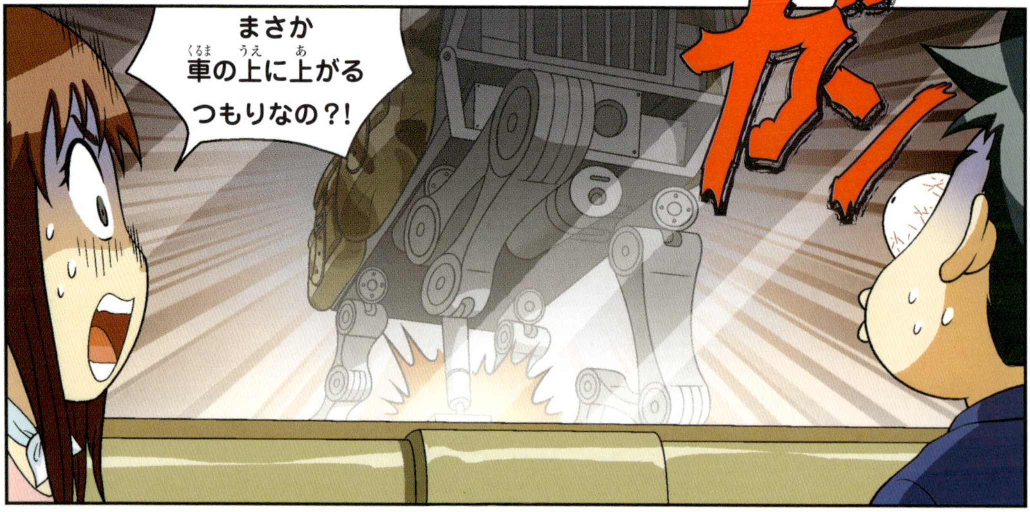
ガン
まさか
車《くるま》の上《うえ》に上《あ》がる
つもりなの?!

ガン
ど、どうしよう。
し、心配《しんぱい》ないさ。
車《くるま》の中《なか》にいれば
何《なに》もできないさ。
ガン

ガンガン
うぐ
きゃっ
ユラユラ
ボフッ
げっ。
ガコン
ガコン
ボフッ
おい、まだか。こっちは大変《たいへん》なんだ。早《はや》く来《こ》いよ！
このままじゃペチャンコよ。

ダダダッ
もうちょっとだ。僕《ぼく》らも急《いそ》いで向《む》かってる。
駄目《だめ》だ！来《く》るまで持《も》ちこたえられない。
一《いち》か八《ばち》か、外《そと》に出《で》て勝負《しょうぶ》してみる。
運《うん》が良《よ》けりゃ、勝《か》てるかもしれないし。
何《なん》だと。
馬鹿《ばか》なことは止《や》めろ、ジオ！
パッ
ガンガーン
ロ博士《はかせ》?!そこにいるの。

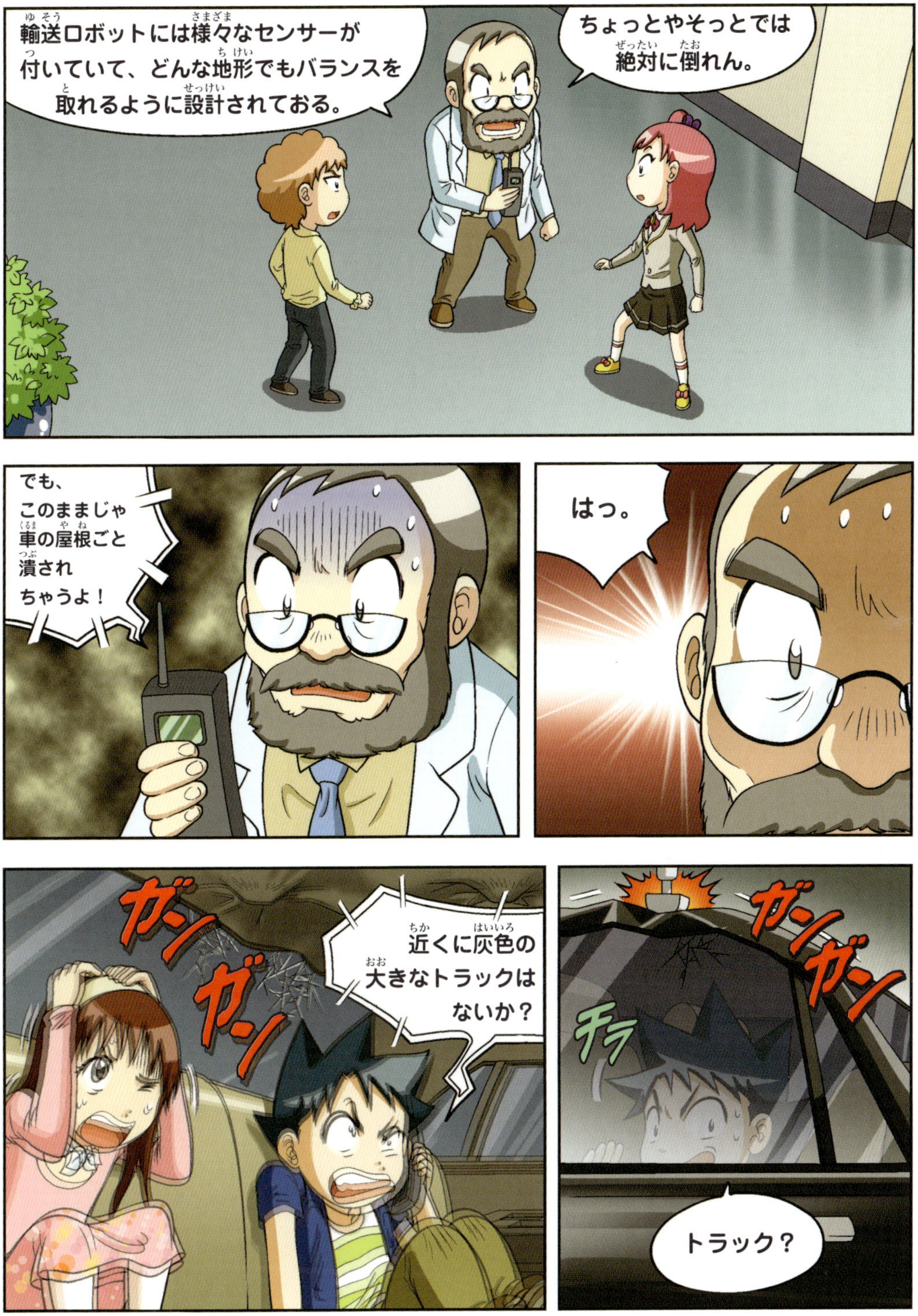
輸送《ゆそう》ロボットには様々《さまざま》なセンサーが付《つ》いていて、どんな地形《ちけい》でもバランスを取《と》れるように設計《せっけい》されておる。
ちょっとやそっとでは絶対《ぜったい》に倒《たお》れん。
でも、このままじゃ車《くるま》の屋根《やね》ごと潰《つぶ》されちゃうよ！
はっ。
ガン
ガン
近《ちか》くに灰色《はいいろ》の大《おお》きなトラックはないか？
ガンガン
チラ
トラック？

ああ、あった！
何《なん》とかしてそこまで行《い》くんだ。その荷台《にだい》に、君《きみ》らを助《たす》けてくれるロボットがあるはずだ。
ガン
ガン
助《たす》けてくれるロボット。
そうだ、急《いそ》げ！

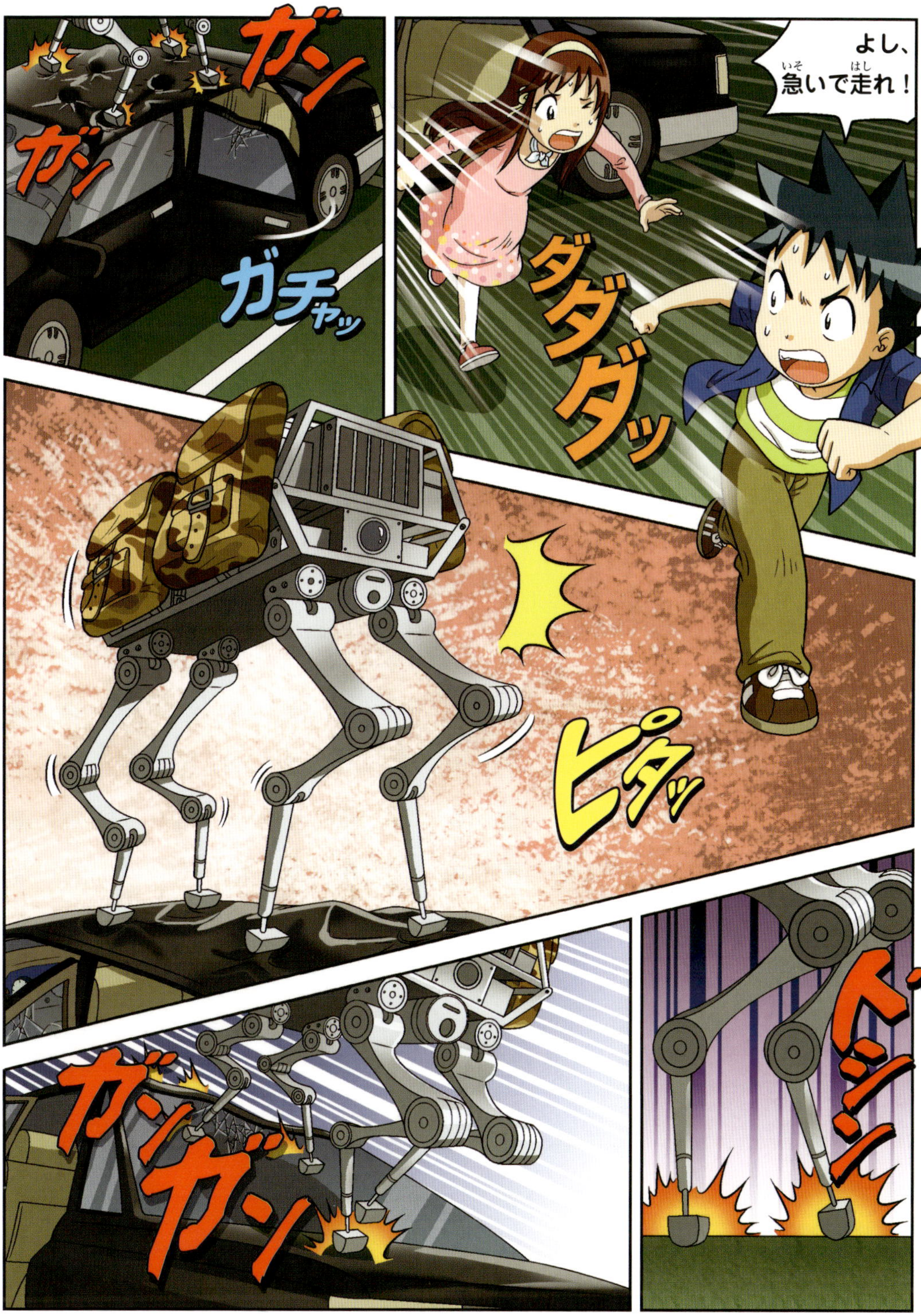
よし、
急《いそ》いで走《はし》れ！
ダダダッ
ガン
ガン
ガチャッ
ピタッ
ドシン
ガン
ガン

追《お》いかけて来《く》るわ。
もう少《すこ》しだ。
ガシャガシャ
ハナ、急《いそ》いで！
カチャッ

きゃあ！
ドテッ
うわっ！
キイッ
うわあ～。待《ま》った！
ダダッ
ドン
ふ～、危《あぶ》なかった。
休《やす》んでないで、博士《はかせ》が言《い》ってた
ロボットを探《さが》さなくちゃ。
あら？
どうしたの。

これは
何《なに》かしら。
さあ、何《なん》だろう。
宇宙服《うちゅうふく》かな？

ジジジッ
ジオ、ハナ、2人《り》とも無事《ぶじ》か？
うん。トラックの荷台《にだい》に入《はい》ったよ。
でも変《へん》な服《ふく》があるだけで、ロボットはないよ。
一体《いったい》どこにあるの？
その服《ふく》が、君《きみ》らを助《たす》けるロボットなんだ。
え、これがロボット?!

着《き》るだけでパワーアップする、ロボットスーツ

パワーアップ
完了《かんりょう》！

映画《えいが》「アイアンマン」で、主人公《しゅじんこう》は最先端《さいせんたん》の科学技術《かがくぎじゅつ》を用《もち》いて作《つく》ったパワースーツを着《き》て悪党《あくとう》をやっつけ、タンクを止《と》めるなどすごい力《ちから》を発揮《はっき》します。映画《えいが》ほどの力《ちから》ではありませんが、現実《げんじつ》にもこれとよく似《に》たロボットスーツがあります。ロボットスーツとは、服《ふく》のように着《き》るだけで力《ちから》を増幅《ぞうふく》できる筋力補助《きんりょくほじょ》ロボットです。ロボットスーツの各部《かくぶ》分《ぶん》に取《と》り付《つ》けられたセンサーが体《からだ》の細《こま》かな動《うご》きを感知《かんち》して、各部分《かくぶぶん》の駆動装置《くどうそうち》を動《うご》かし、着用者《ちゃくようしゃ》の持《も》っている以上《いじょう》の力《ちから》が出《で》るように補助《ほじょ》してくれるのです。この機能《きのう》のおかげで、今後《こんご》ロボットスーツは体《からだ》の不自由《ふじゆう》な老人《ろうじん》や障害者《しょうがいしゃ》の歩行《ほこう》を助《たす》けたり、工場《こうじょう》や災害現場《さいがいげんば》などの辛《つら》くて危険《きけん》な仕事《しごと》を減《へ》らしたりしてくれることでしょう。さらに、兵士《へいし》が軍事的《ぐんじてき》な目的《もくてき》を遂行《すいこう》するのにも威力《いりょく》を発揮《はっき》します。実際《じっさい》に、韓国《かんこく》の生産技術研究院《せいさんぎじゅつけんきゅういん》で開発中《かいはつちゅう》のロボットスーツHyPERは、成人男性《せいじんだんせい》が着用《ちゃくよう》すると９時間《じかん》の間《あいだ》、120kgの荷《に》物《もつ》を持《も》ったまままいられるそうです。

油圧式《ゆあつしき》アクチュエータ
電気《でんき》モーターの代《か》わりに油《あぶら》の圧力《あつりょく》を利用《りよう》してシリンダーを動《うご》かす油圧式《ゆあつしき》アクチュエータは機械《きかい》を動《うご》かす駆動装置《くどうそうち》で、人《ひと》の筋《きん》肉《にく》のような働《はたら》きをする。
圧力感知《あつりょくかんち》センサー
靴《くつ》、足首《あしくび》、腰《こし》など25カ所《しょ》に圧力感知《あつりょくかんち》センサーがある。
©한국생산기술연구원
ロボットスーツ
HyPER

また、日本《にほん》で開発《かいはつ》されたHALというロボットスーツは、センサーが脳《のう》からの信号《しんごう》を感知《かんち》して筋肉《きんにく》が動《うご》く0.1～0.4秒前《びょうまえ》に動作《どうさ》するので、手《て》足《あし》の動《うご》きを補助《ほじょ》することができます。2012年《ねん》イギリスでは、下半身麻痺《かはんしんまひ》の女性《じょせい》が人体《じんたい》工学歩行補助器《こうがくほこうほじょき》のReWalkを着用《ちゃくよう》してマラソンに参加《さんか》し、完走《かんそう》しました。

コンピューターと１つになる、着《き》るコンピューター

ⓒ연합뉴스

着《き》るコンピューター　眼鏡《めがね》と服《ふく》にコンピューター、MP3プレーヤー、デジタルカメラなどが組《く》み込《こ》まれた製品《せいひん》が登場《とうじょう》した。

未来《みらい》のコンピューターは、机《つくえ》の上《うえ》に置《お》いて使《つか》う形態《けいたい》ではなく、人《ひと》と常《つね》に一緒《いっしょ》にいられる「着《き》るコンピューター」になるだろうと予想《よそう》されています。すなわち、腕時計《うでとけい》やブレスレット、眼鏡《めがね》などにコンピューターが内蔵《ないぞう》されて、人々《ひとびと》はそれを常《つね》に身《み》につけるのではないかと考《かんが》えられているのです。

すでに相手《あいて》の顔《かお》を見《み》ながらテレビ電話《でんわ》で話《はな》せる眼鏡型《めがねがた》のスマートフォンや、服《ふく》を着《き》た途端《とたん》に服《ふく》に内蔵《ないぞう》されたコンピューターが着用者《ちゃくようしゃ》の運動量《うんどうりょう》や健康状態《けんこうじょうたい》をチェックしてくれる製品《せいひん》も開発中《かいはつちゅう》です。しかし、着《き》るコンピューターが広《ひろ》く使《つか》われるためには、何《なに》より電源《でんげん》の問題《もんだい》を解決《かいけつ》しなければなりません。電源《でんげん》から一定《いってい》の電力《でんりょく》を受《う》け取《と》れるコンピューターとは違《ちが》い、着《き》て動《うご》くコンピューターに安定《あんてい》した電力《でんりょく》を供給《きょうきゅう》することはまだ難《むずか》しいからです。これを解決《かいけつ》しようと、いろいろな研究《けんきゅう》が進《すす》められていますが、その１つとして、歩《ある》く時《とき》に発生《はっせい》する衝撃《しょうげき》をエネルギー源《げん》として電気《でんき》に変《か》える装置《そうち》を靴《くつ》に入《い》れて、そこから電力《でんりょく》を得《え》るという方《ほう》式《しき》が開発《かいはつ》されています。

動作《どうさ》を真似《まね》するロボットハンドとは？

ドイツで不思議《ふしぎ》なロボットグローブが開発《かいはつ》されました。人《ひと》がグローブをはめて動《うご》くと、遠《とお》く離《はな》れた場所《ばしょ》にあるロボットの手《て》も、その動《うご》きをそっくり真似《まね》するというものです。これを使《つか》うと遠《とお》くからでもロボットハンドを操縦《そうじゅう》して作業《さぎょう》することが出来《でき》るので、原子力《げんしりょく》発電所《はつでんしょ》などの危険《きけん》な物質《ぶっしつ》を扱《あつか》う場所《ばしょ》で役《やく》に立《た》つことでしょう。また、このロボットグローブは力《ちから》を増幅《ぞうふく》することも出来《でき》るので、小《ちい》さな力《ちから》でたくさんの仕事《しごと》が出来《でき》るように補助《ほじょ》することもできます。

9章《しょう》
ウルトラハイパワー、ロボットスーツ

博士《はかせ》、これのどこがロボットなの？
グググッ
ロボットスーツと呼《よ》ばれる、着用型《ちゃくようがた》ロボットだ。説明《せつめい》してる時間《じかん》がないから、とにかく着《き》るんだ。子供用《こどもよう》だから、サイズは合《あ》うはずだ。
ヨタ
ヨタ
サイズはいいけど、重《おも》いよ。本当《ほんとう》にこれで助《たす》かるの。

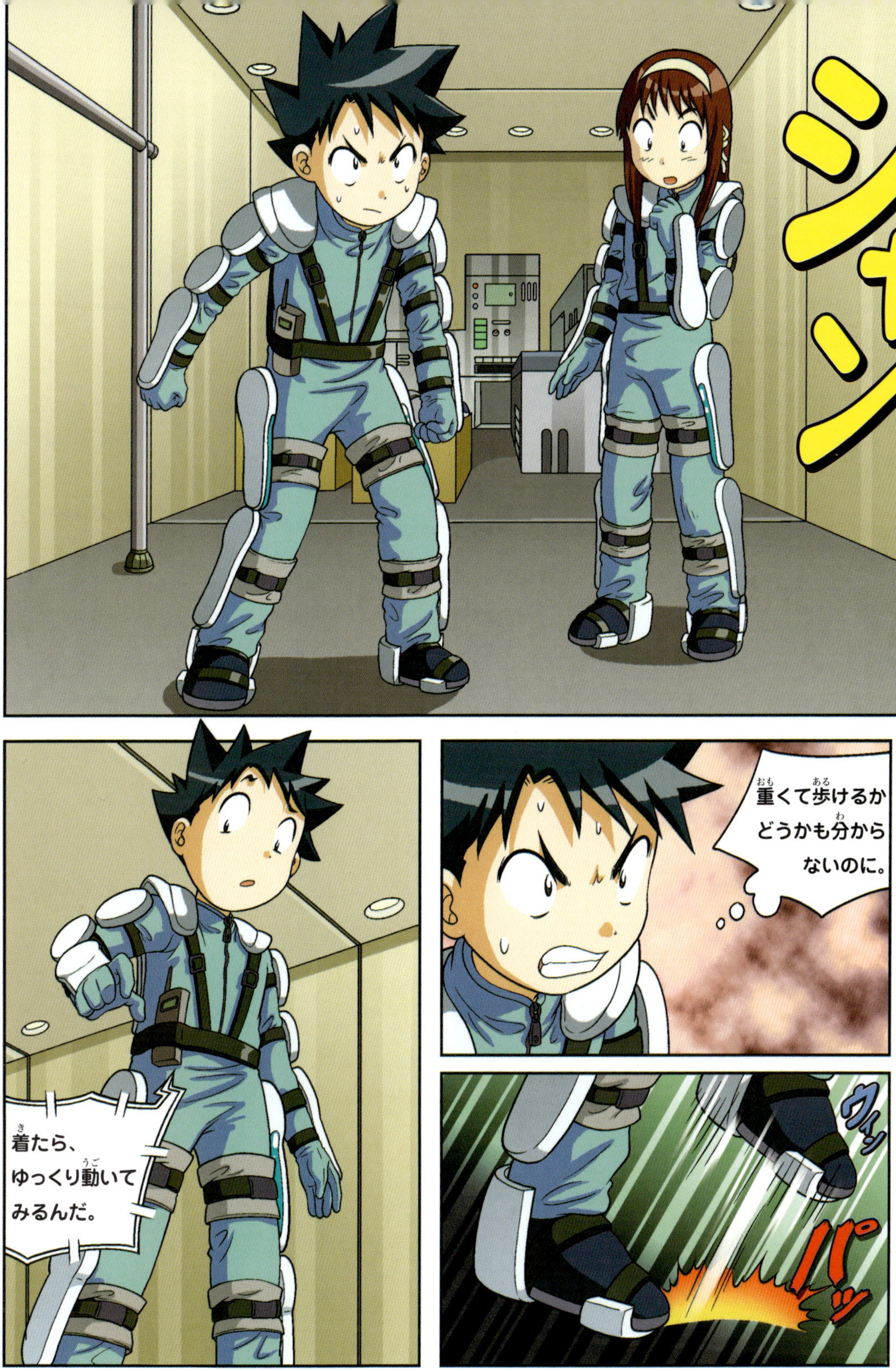
ジャン
着《き》たら、ゆっくり動《うご》いてみるんだ。
重《おも》くて歩《ある》けるかどうかも分《わ》からないのに。
ウィン
パッ

あれ、何《なん》だ？
この感《かん》じは。
重《おも》いどころか、雲《くも》の上《うえ》を歩《ある》くみたいに体《からだ》が軽《かる》いぞ。
博士《はかせ》、スーツは重《おも》いのに、動《うご》いてみたら全然《ぜんぜん》重《おも》くないよ。
バタ
バタ
私《わたし》もよ。
よし！　次《つぎ》は何《なん》でもいいから、持《も》ち上《あ》げてごらん。
持《も》ち上《あ》げる物《もの》……。
ああ。

平気《へいき》？
すごく重《おも》そうよ。
重《おも》くなきゃ、
テストに
ならないよ。
ガシィ
サッ
あれ？
全然《ぜんぜん》重《おも》くない。
本当《ほんとう》？
それが
ロボットスーツの
力《ちから》だ。
え。

ロボットスーツは人《ひと》の身体能力《しんたいのうりょく》を向上《こうじょう》させるロボットで、着《き》るだけで力《ちから》を増幅《ぞうふく》できる。
ダダダダッ
そんなことができるの？
圧力《あつりょく》センサーと駆動装置《くどうそうち》のおかげだ。
サッ
120kg
クー
120kg
スーツのあちこちにある圧力《あつりょく》センサーが人《ひと》の動作《どうさ》を感知《かんち》して、関節部《かんせつぶ》の駆動装置《くどうそうち》を作動《さどう》させると、それに従《したが》ってロボットが動《うご》く。着用者《ちゃくようしゃ》の体力《たいりょく》やロボットの機能《きのう》によって異《こと》なるが、数百《すうひゃく》kgまで持《も》ち上《あ》げることも出来《でき》る。
僕《ぼく》の力《ちから》がアップグレードしたんだろ？　だったら。

どこ
行《い》くの。
シュン
あいつに
僕《ぼく》の力《ちから》を見《み》せつけて
やる。
パッ
バン
あれ？ どこに
行《い》った。
4本足《ほんあし》ロボット、
早《はや》く出《で》て来《こ》い！
ズザッ
ガシャン
ああっ。

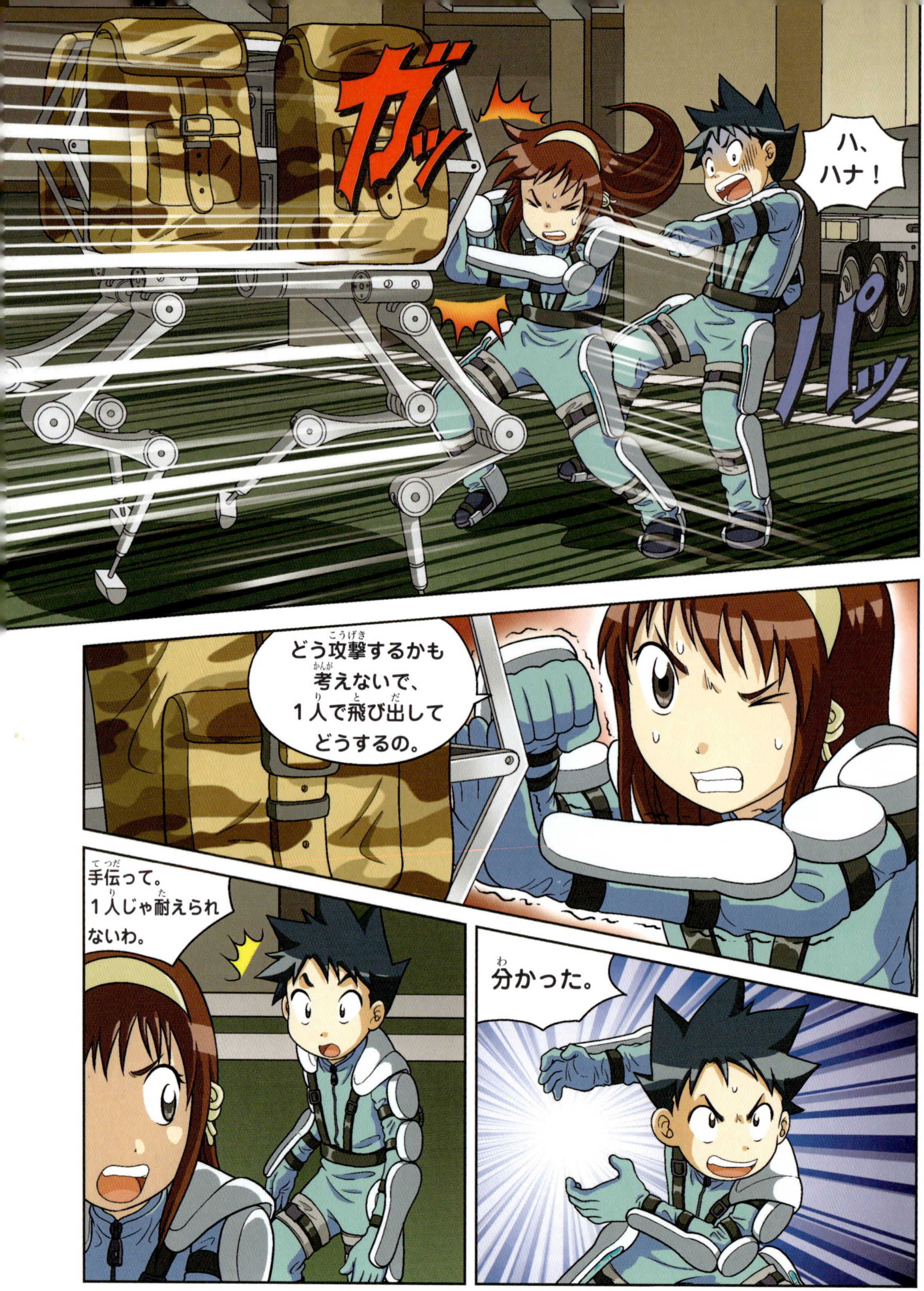
ガッ
ハ、ハナ！
パッ
どう攻撃《こうげき》するかも考《かんが》えないで、1人《り》で飛《と》び出《だ》してどうするの。
手伝《てつだ》って。1人《り》じゃ耐《た》えられないわ。
分《わ》かった。

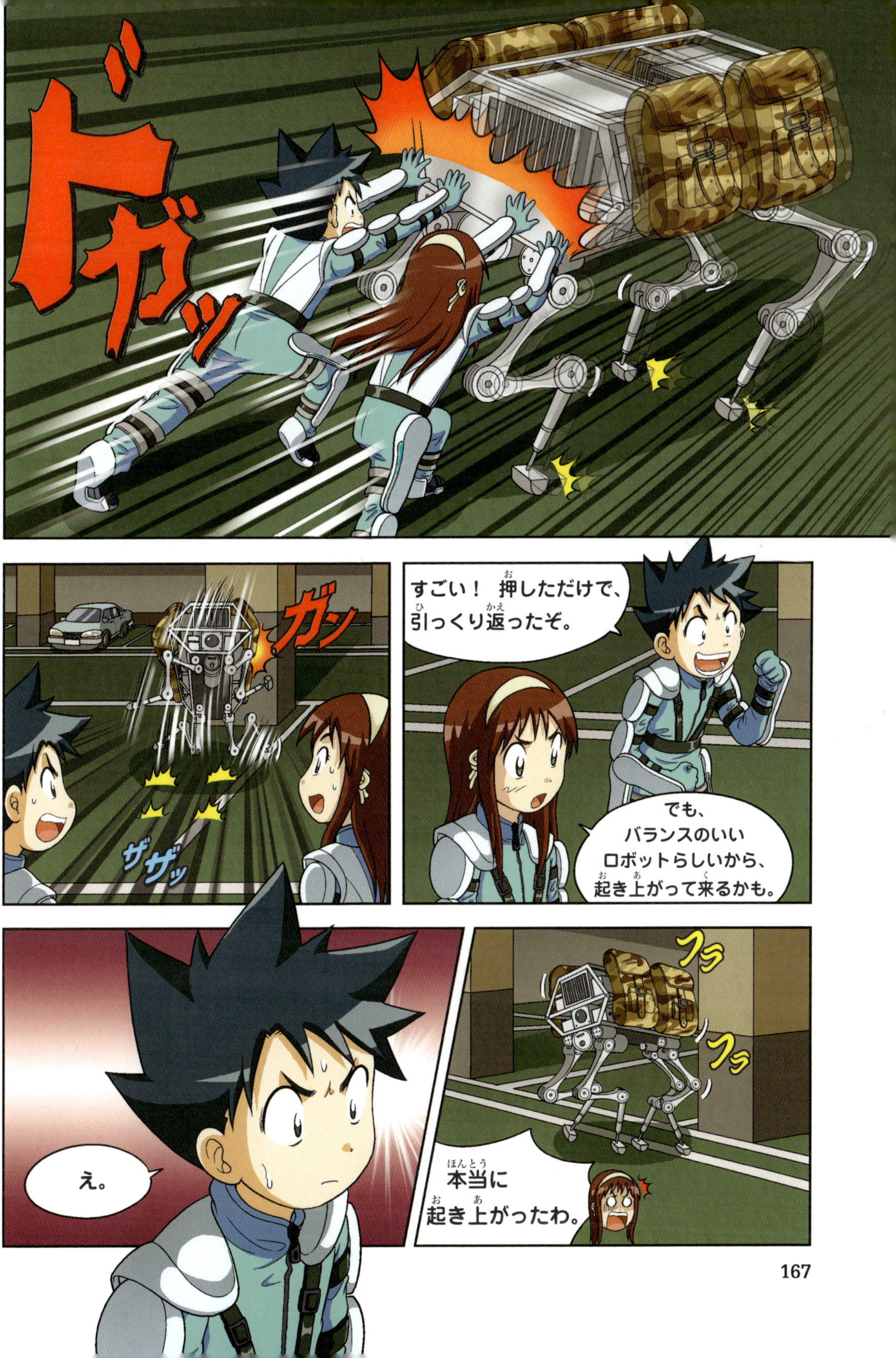
ドガッ
ガン
ザザッ
すごい！ 押《お》しただけで、引《ひ》っくり返《かえ》ったぞ。
でも、バランスのいいロボットらしいから、起《お》き上《あ》がって来《く》るかも。
え。
フラ
フラ
本当《ほんとう》に起《お》き上《あ》がったわ。

き、来《き》たわ。
ガシャ
ガシャ
ジオ！
とりゃ〜！
パッ
ザザッ

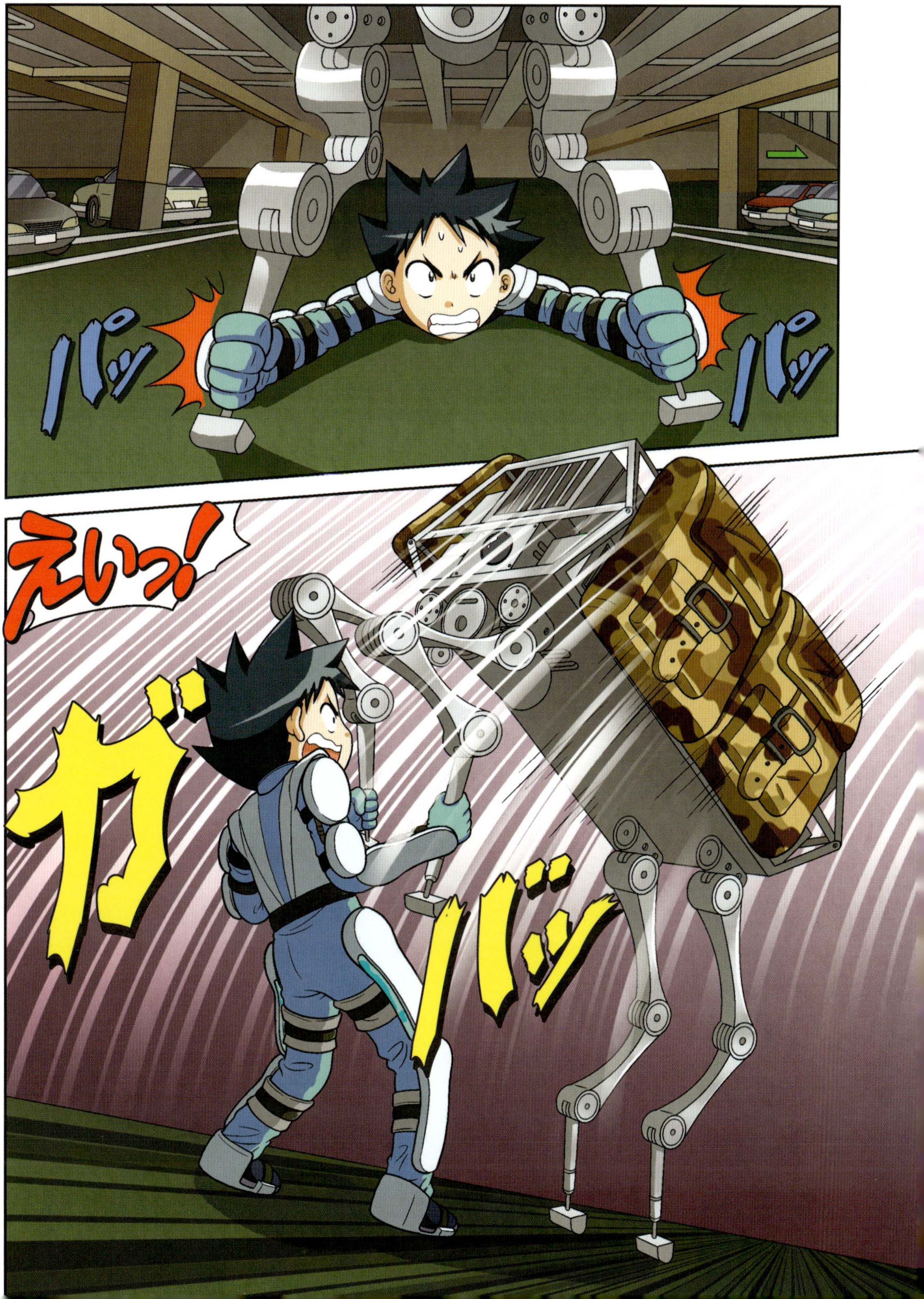
パッ
パッ
えいっ!
ガバッ

四足歩行《よんそくほこう》ロボットは二足歩行《にそくほこう》ロボットより足《あし》が多《おお》くてバランスに優《すぐ》れている。
だから、こいつを倒《たお》すには胴体《どうたい》じゃなくて足《あし》を狙《ねら》うんだ。
ああ。
そういうことね。
コク
サッ
グイッ

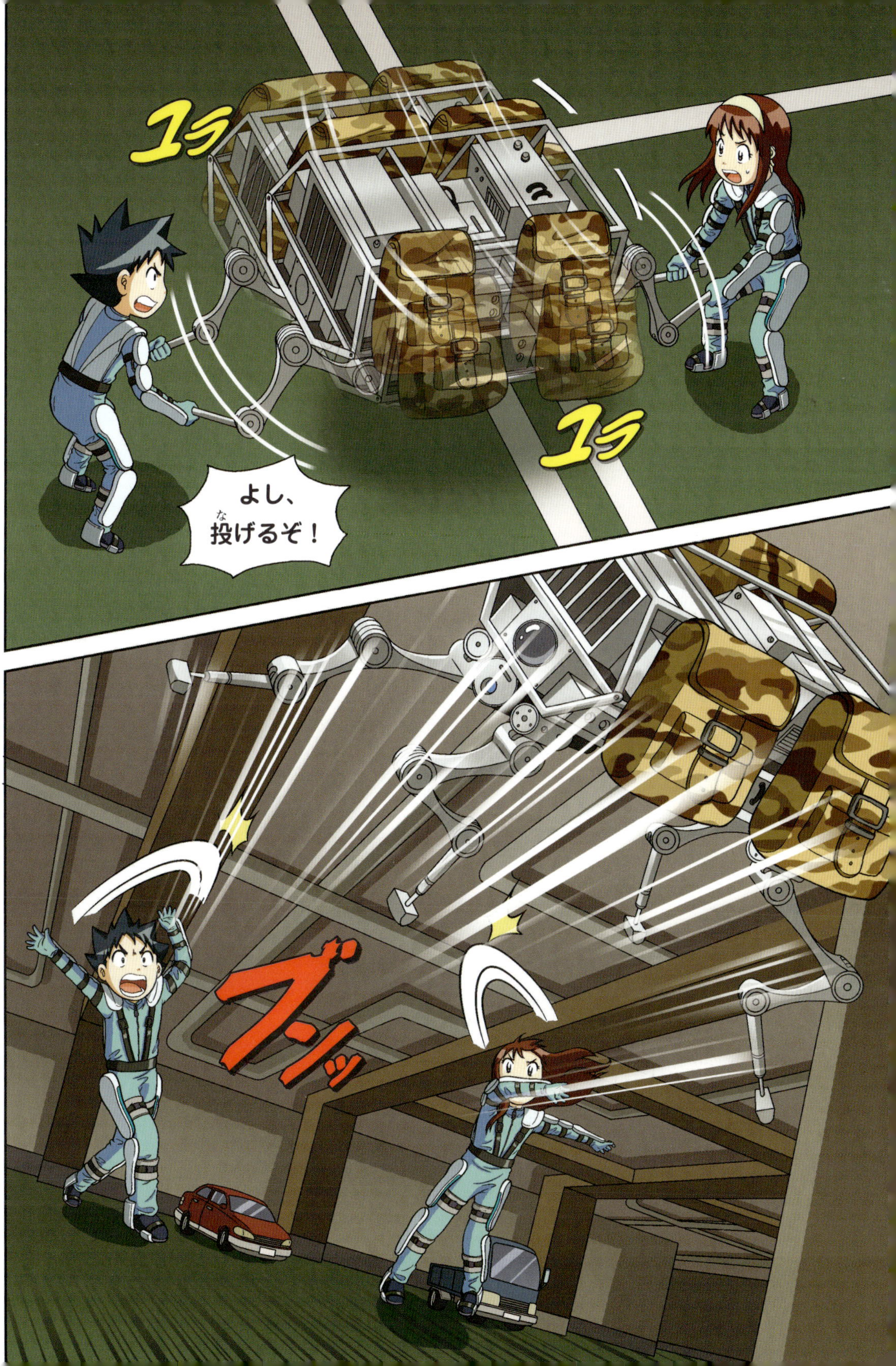
ユラ
ユラ
よし、
投《な》げるぞ！
ブンッ

ガシャーン
ハァ ハァ
あ、来《き》たのね。
ダダダッ
バン
ジオ、ハナ！

平気《へいき》？
怪我《けが》はない。
当然《とうぜん》さ。僕《ぼく》は
スーパーアイアンジオ
なんだから。
ニヤリ
いいかげんに
しろよ……。
ウハハハ
ロボットスーツも
よく似合《にあ》うだろ。
相変《あいか》わらずだな、
ジオ！
博士《はかせ》〜。

どれだけ博士《はかせ》を探《さが》したことか。
一体《いったい》どこにいたの？
グハッ
ドン
ジオ、今《いま》はパワーが。
うっ。
そうか。
時間《じかん》がないんだ。早《はや》く競技場《きょうぎじょう》に行《い》ってみんなを助《たす》けなきゃ。
そうよ。博士《はかせ》が扉《とびら》を開《あ》けてくれるのを待《ま》ってるわ。
ま、待《ま》った。それは……。
私《わたし》の力《ちから》では競技場《きょうぎじょう》の扉《とびら》を開《あ》けることは出来《でき》ない。
え。
どういうこと？
博士《はかせ》。

え。
じゃあ、さっきの子《こ》はアンドロイド?!
中央統制《ちゅうおうとうせい》センターを修理《しゅうり》しても、パスワードがなければ扉《とびら》は開《ひら》かないの。
残念《ざんねん》だが、そういうことだ。
本当《ほんとう》に面目《めんぼく》ない。
ズン
ズン
ジオ、どこに行《い》くの。

こうなったら、競技場《きょうぎじょう》の扉《とびら》を壊《こわ》すしかない。このロボットスーツで。
競技場《きょうぎじょう》の扉《とびら》はロボットスーツの力《ちから》で壊《こわ》すのは無理《むり》よ。
じゃあ、どうするんだ。このまままみんなが死《し》ぬのを眺《なが》めてるのか？
ジジッ
トランシーバーの音《おと》ね。他《ほか》に誰《だれ》もいないのに。
さあ。

私《わたし》のトランシーバーがない。中央統制《ちゅうおうとうせい》センターに置《お》いてきたんだわ。
ガサゴソ
?
ジジッ
博士《はかせ》まで見《み》つけ出《だ》すとは予想外《よそうがい》だな。
お前《まえ》はまさか?!
!!!
もう時間《じかん》も残《のこ》り少《すく》ないぞ。パスワードを知《し》りたいか？
ニヤリ

人《ひと》に似《に》ていくロボット、アンドロイド

ギリシャ語《ご》で「人《ひと》に似《に》たもの」という意味《いみ》を持《も》つ、アンドロイド（Android）は、外見《がいけん》が人間《にんげん》にそっくりなロボットのことです。この用語《ようご》は1886年《ねん》にフランスの作家《さっか》オーギュスト・ヴィリエ・ド・リラダンが小説《しょうせつ》「未来《みらい》のイブ」で初《はじ》めて使《つか》ったもので、現在《げんざい》でも人間《にんげん》に似《に》たロボットを指《さ》す科学用語《かがくようご》としても使《つか》われています。

最近《さいきん》ではロボット産業《さんぎょう》の発達《はったつ》や映画《えいが》、小説《しょうせつ》などの影響《えいきょう》で、単純《たんじゅん》に外見《がいけん》や行動《こうどう》が人間《にんげん》に似《に》ているだけでなく、皮膚《ひふ》の質感《しつかん》や知能《ちのう》も備《そな》えた、人間《にんげん》と区別《くべつ》するのが難《むずか》しいくらい精巧《せいこう》なロボットのことをアンドロイドと言《い》う場合《ばあい》もあります。同《おな》じようなロボットを指《さ》すヒューマノイドという言葉《ことば》が、人間《にんげん》の動作《どうさ》や機能《きのう》を真似《まね》たロボットのことだとすれば、アンドロイドは電子頭脳《でんしずのう》と人口皮膚《じんこうひふ》までを備《そな》えた、外観《がいかん》では人間《にんげん》に酷似《こくじ》したロボットのことを指《さ》すのです。韓国《かんこく》ではEverという女性型《じょせいがた》のアンドロイドシリーズが、日本《にほん》ではDER01、DER02、ジェミノイドなどのアンドロイドが開発《かいはつ》されました。

ただ、現実《げんじつ》のアンドロイドは、映画《えいが》や小説《しょうせつ》の中《なか》のアンドロイドとは違《ちが》い、まだ動《うご》きや表情《ひょうじょう》に限界《げんかい》があり、人間《にんげん》ほどの判断力《はんだんりょく》や知能《ちのう》を持《も》ったロボットを作《つく》ることは、今《いま》の技術《ぎじゅつ》では不可能《ふかのう》です。しかし、研究《けんきゅう》は続《つづ》けられており、いつかは人間《にんげん》と間違《まちが》うようなロボットが開発《かいはつ》されるでしょう。

喜《よろこ》び、悲《かな》しみ、驚《おどろ》きなど様々《さまざま》な表情《ひょうじょう》を作《つく》るEver-4
女性《じょせい》アンドロイドのEverは、聖書《せいしょ》に出《で》てくる最初《さいしょ》の女性《じょせい》イブ（Eve）とロボット（Robot）から名付《なづ》けられた。

ロボットに似《に》ていく人間《にんげん》、サイボーグ

サイボーグ（Cyborg）とは、機械《きかい》と生物《せいぶつ》が一体《いったい》になったもののことで、そこから考《かんが》えると広《ひろ》い意味《いみ》では人工心臓《じんこうしんぞう》や臓器《ぞうき》を移植《いしょく》した人《ひと》も一種《いっしゅ》のサイボーグだと言《い》えます。サイボーグという用語《ようご》は、1960年《ねん》マンフレッド・クラインズとネイザン・S・クラインが共同《きょうどう》で書《か》いた「サイボーグと宇宙《うちゅう》」で初《はじ》めて使《つか》われました。この話《はなし》は、人間《にんげん》が宇宙《うちゅう》で生《い》き残《のこ》るためには人間《にんげん》と機械《きかい》との深《ふか》い関係《かんけい》が必要《ひつよう》だという内容《ないよう》で、この時登場《ときとうじょう》するのが人間《にんげん》と機械《きかい》の結合体《けつごうたい》であるサイボーグです。

サイボーグは、大《おお》きく疾病《しっぺい》や事故《じこ》などで失《うしな》った臓器《ぞうき》の代《か》わりに移植《いしょく》された人工臓器《じんこうぞうき》や筋電義手《きんでんぎしゅ》などを指《さ》すものと、生物《せいぶつ》の能力《のうりょく》を強化《きょうか》する目的《もくてき》で作《つく》られたものとに分《わ》けることができます。生命《せいめい》工学《こうがく》の発展《はってん》と、より長《なが》く健康《けんこう》な生活《せいかつ》を送《おく》りたいと思《おも》う人間《にんげん》の長年《ながねん》の望《のぞ》みは、人間《にんげん》のサイボーグ化《か》をより活発《かっぱつ》にしています。

©Wikipedia

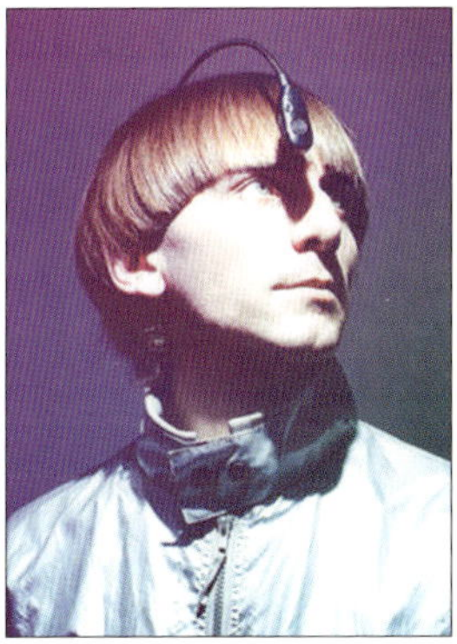

アイボーグを移植《いしょく》したニール・ハービソン
イギリスの芸術家《げいじゅつか》ニール・ハービソンは、生《う》まれつき色覚障害《しきかくしょうがい》があり白黒以外《しろくろいがい》の色《いろ》を見分《みわ》けることができませんでしたが、色《いろ》を周波数《しゅうはすう》に変《か》えて音《おと》で教《おし》えてくれるアイボーグ装置《そうち》の移植《いしょく》を受《う》け、色《いろ》を識別《しきべつ》できるようになった。

笑《わら》ったり、泣《な》いたりするロボット Kismet

アメリカのマサチューセッツ工科大学《こうかだいがく》（MIT）で開発《かいはつ》されたKismetは、様々《さまざま》な表情《ひょうじょう》を作《つく》ることが出来《でき》るロボットの代表《だいひょう》です。Kismetは、人間《にんげん》とロボットの相互作用《そうごさよう》を研究《けんきゅう》するために作《つく》られた頭部《とうぶ》だけのロボットで、眼球《がんきゅう》にあるカメラや小型無線《こがたむせん》マイクなどで周囲《しゅうい》の状況《じょうきょう》を認識《にんしき》し、まゆ毛《け》やまぶた、眼球《がんきゅう》、唇《くちびる》、耳《みみ》などを動《うご》かし、喜《よろこ》びや悲《かな》しみ、驚《おどろ》き、笑《え》みなどの表情《ひょうじょう》を表《あらわ》すことが出来《でき》ます。まだ人間《にんげん》そっくりというレベルではありませんが、いい子《こ》だと褒《ほ》められると耳《みみ》を立《た》て目《め》が大《おお》きくなり、逆《ぎゃく》に怒《おこ》ると耳《みみ》が下《さ》がり目《め》が細《ほそ》くなるなどの感情《かんじょう》を表現《ひょうげん》することが出来《でき》ます。

Kismet

10章《しょう》

僕《ぼく》の名前《なまえ》は
ソウタ

隠《かく》れてないで
出《で》て来《こ》い！
バン
!!!
ロボット
スーツを
着《き》たら、
怖《こわ》いもの
なしか？

クルッ
まあ、ここまで来《き》たことはほめてやろう。
何《なん》だと。
とっくに逃《に》げ出《だ》すと思《おも》ってたからな。
ふざけてるのか！
ひどい目《め》にあわないうちに、パスワードを教《おし》えろ。
グイ
手《て》を離《はな》した方《ほう》がいいんじゃないか。
ヒョイ
ビリッ

えっ。
ニヤ
何《なん》だ、アンドロイドを見《み》るのは初《はじ》めてか？
ジオ、後《うし》ろ！
ズイッ

バシッ
うっ
ジオ。
ドガッ

バッ
あっ
止《や》めて！
ガン
ズン
ス、スーツが壊《こわ》れた。
ハナ。

たかが人間《にんげん》の分際《ぶんざい》で……。
お前《まえ》らじゃ僕《ぼく》の相手《あいて》は務《つと》まらない。
何《なん》だと。だからって怖《こわ》がるとでも思《おも》ってるのか。
サッ
そうよ、こんなこともう止《や》めて。
サッ
あなたのいたずらのせいで多《おお》くの人《ひと》の命《いのち》が危険《きけん》な目《め》にあってるのよ。
いたずらだって？これがいたずらだと思《おも》うのか。

お前《まえ》らは好《す》きなだけ
ロボットをこき使《つか》い、
飽《あ》きたら捨《す》てる。
僕《ぼく》は同《おな》じことをする
だけだ。
これの
どこが同《おな》じ
なの?!
どこが違《ちが》うと
言《い》うんだ。
人間《にんげん》はいつも
こうだ。
博士《はかせ》で
さえ……。
今度《こんど》はお前《まえ》らが
やられる番《ばん》だ。
ブン
うわっ。

フフフ
タタタッ
ソウタ、待《ま》つんだ！
!!
頼《たの》むから私《わたし》の話《はなし》を聞《き》いておくれ……。

もう遅《おそ》いよ。忘《わす》れたの？
僕《ぼく》を壊《こわ》そうとしたってこと。
そう、その通《とお》りだ。私《わたし》はお前《まえ》を壊《こわ》そうとした。
ただ、これだけは分《わ》かってくれ。私《わたし》が捨《す》てようとしたのは、
お前《まえ》じゃなく、死《し》んだソウタの方《ほう》なんだ。
ピクッ

でたらめを言《い》うな。その手《て》には乗《の》らないぞ！
私《わたし》は愚《おろ》かにも、ソウタに似《に》たロボットがいればソウタを失《うしな》った悲《かな》しみも消《き》えると考《かんが》えた。
だが、実際《じっさい》にはお前《まえ》を見《み》るたびにソウタを思《おも》い出《だ》していた。
そして分《わ》かったんだ。お前《まえ》は決《けっ》してソウタになれない、お前《まえ》はお前《まえ》だということを……。
だから私《わたし》は、お前《まえ》を新《あら》たなアンドロイドとして作《つく》り直《なお》そうとしたんだ。
嘘《うそ》……。
全《すべ》ては私《わたし》の過《あやま》ちだ。すまない。私《わたし》のことを許《ゆる》してくれないか。

おい、博士《はかせ》の言《い》うことを聞《き》いてるのか。
スッ
grandfather《グランドファザー》だ……。

え？
何《なん》て言《い》ったんだ。
パスワード。
grandfather《グランドファザー》だよ。
（おじいちゃん）

POLIC

博士《はかせ》は警察《けいさつ》で取《と》り調《しら》べを受《う》けるそうだ。
この事件《じけん》の原因《げんいん》を作《つく》ったようなものだからな。
私《わたし》は博士《はかせ》の気持《きも》ちが分《わ》かるわ。
どうしても、死《し》んだ孫《まご》に会《あ》いたかったのよ。
あのアンドロイドの気持《きも》ちも分《わ》かる気《き》がする。
ジオはどう思《おも》う？
グゥ〜
お腹《なか》が空《す》いてたこと思《おも》い出《だ》したよ〜。
ガクッ

早《はや》くご飯《はん》を食《た》べに行《い》こう。
待《ま》って、みんなが出《で》て来《く》るわよ！
平気《へいき》だよ。警察《けいさつ》も帰《かえ》っていいって言《い》ってただろ。
スッ
ドン
誰《だれ》だ？!

お前《まえ》だけご飯《はん》を食《た》べに行《い》くだと？
僕《ぼく》らは、ジオのことを心配《しんぱい》してたのに。
俺《おれ》たちのことは忘《わす》れてたのか……。
い、いや、そうじゃなくて。
お前《まえ》も一日中《いちにちじゅう》閉《と》じ込《こ》めてやる～。
助《たす》けて！
暴力《ぼうりょく》事件《じけん》発生《はっせい》、保安《ほあん》ロボットハ集合《しゅうごう》セヨ！
「ロボット世界《せかい》のサバイバル３」終《お》わり。

ロボット世界《せかい》のサバイバル３

2013年３月30日　第１刷発行
2020年６月30日　第25刷発行

著　者　文　金政郁《キムジョンウク》／絵　韓賢東《ハンヒョンドン》
発行者　橋田真琴
発行所　朝日新聞出版
〒104-8011
東京都中央区築地5-3-2
編集　生活・文化編集部
電話　03-5541-8833（編集）
03-5540-7793（販売）

印刷所　株式会社リーブルテック
ISBN978-4-02-331182-4
定価はカバーに表示してあります

Translation：HANA Press Inc.
Japanese Edition Producer：Satoshi Ikeda
Special Thanks：Lee Young-Ho / Park Hyun-Mi
(Mirae N Co.,Ltd.)

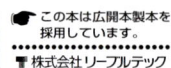